世界が面白くなる！ 身の回りの科学

電磁波

讓世界更有趣

質數　元素　DNA　神經傳導物質　科氏力

戴上

密碼學　核酸　萬有引力　黑洞　人臉辨識　藍牙

機器學　　點　　　　　　　　波

科學

S

愛因斯坦　牛頓　四維時空　量子力學　薛丁格的貓

的眼鏡看世界

波耳　週期表　人體實驗　黎曼猜想　調和級數　遺傳法則

從相對論到GPS，從人腦構造到AI，一看就懂的科學入門

京都産業大學理學院教授　**二間瀬敏史**　　林雯 譯

大家好，我是宇宙物理學（Physical Cosmology）家二間瀨敏史。

你們喜歡科學嗎？

我女兒在高中修習物理學分，但她常說：「如果沒有物理這種東西就好了！」我就問她：「那妳為什麼選修物理呢？」她說：「因為生物更麻煩。」

至於我太太，對於我是物理學家、以研究物理學為業這件事，好像完全無法理解。

不過，毫無疑問地，我的家人都受惠於物理學和其他科學。但或許是因為讓她們受益的科學，與學校所學的科學八竿子打不著，我女兒才會冒出那句話。

我也不想對各位說教，勸大家：「要深入認識科學啊！」因為生活中有許多應用科學的事物，即使不知道它的運作原理，也不會為生活帶來任何不便。

例如，**微波爐為什麼可以加熱食物？汽車導航為什麼能帶我們到達目的地？**就算我們不了解其中的作用機制，也不會有任何問題。

即使知道機制，大概也很難自行修理。

前幾天，我家的冰箱不冷了。我是物理學家，知道冰箱的運作原理，但我也不會修。不過，廠商派人過來，兩三下就修好了。我太太看了就說：

「你不是科學家嗎？為什麼不會修呢？」

平常有類似反應的不只是我的家人。

你可能跟我太太、女兒一樣，覺得科學在生活中並非不可或缺。但事實上，身邊到處都是科學，科學讓我們的生活更加舒適。

除了周遭普遍存在的科學以外，本書也會談到「相對論」、「薛丁格的貓」（Schrödinger's Cat）、「超弦理論」（Superstring Theory）等艱澀難懂的科學。如果不擅長科學與喜歡科學的人讀起來都能樂在其中，那就太好了。

本書的內容會帶給你新的想法和觀點，改變你看待身邊事物的方式，世界也會因此看起來更有趣。

二間瀨敏史

目錄

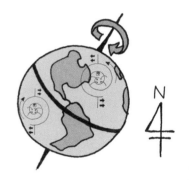

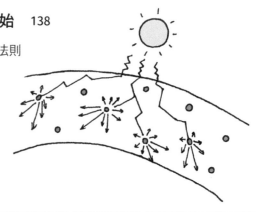

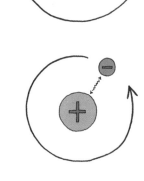

Chapter **1**

爲什麼要學習
科學？

1

生活中處處是「科學」

　　大家應該都在小學的自然課、中學的生物、物理、化學、地球科學課堂上學過各式各樣的科學現象。

　　你是否曾因為這些科目太難，不禁疑惑：「為什麼非得學這種東西不可……」呢？

　　但環顧四周，你會發現科學無所不在。

　　沒有科學，你正在讀的這本書、平常用的智慧型手機、Google地圖等使用的 GPS 功能……，全都不會出現。

　　歸根結底，我們存在的這個世界，甚至我們自己，都可說是科學的結晶。

　　首先，我以學校學過的科學為基礎，簡單談談日常生活中的科學。

2

無所不在的電磁波

現在幾乎所有人都使用智慧型手機。它的通訊速度有很大的變化，現在已經從 4G 變成 5G 了。通訊方式真是日新月異。

現在我們來談談通訊所需的科學。

我們的四周遍布著電磁波

大家使用手機時，應該都說過「這裡電波收訊不良」之類的話吧！

雖然有點突兀，但我想問大家一個問題：你知道什麼是「**無線電波**」（Radio Wave）嗎？

另外還想問，你聽過「**電磁波**」（Electromagnetic Wave）嗎？

「**無線電波**」和「**電磁波**」其實是一樣的東西。

「電磁波」是電場和磁場的振動在空間中傳播的現象；而無線電波是電磁波的一種，除了手機，也用於藍牙耳機與微波爐。

另外，太陽也會發出電磁波。電磁波總是在我們周圍縱橫交錯，

飛來飛去。

電磁波的性質隨頻率而變化

電磁波的性質類似水波，它會連續產生、擴散至空間。兩個連續波峰間的水平距離稱為「**波長**」，單位是**公尺**（m）；每秒起伏的次數稱為「**頻率**」，單位是**赫茲**（Hz）。

如果波 1 秒振動 10 次，它的頻率就是 10 赫茲。

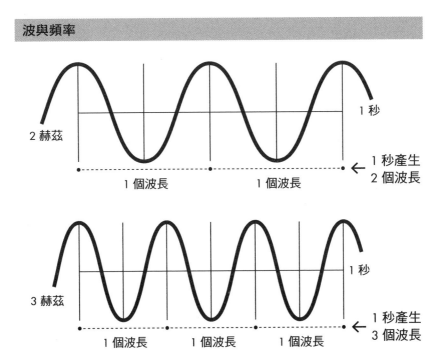

波與頻率

2 赫茲

1 秒

1 個波長　　1 個波長　　← 1 秒產生 2 個波長

3 赫茲

1 秒

1 個波長　　1 個波長　　1 個波長　　← 1 秒產生 3 個波長

以下這些都是電磁波。

● **無線電波**：用於微波爐、GPS 等⋯⋯約 3 太赫茲（THz）以下

● **紅外線**：用於電暖器、測溫相機等⋯⋯約 3-380 太赫茲

● **紫外線**：能殺菌，會把皮膚晒黑⋯⋯約 790-10 萬太赫茲

● **X 光**：用於攝影檢查、機場行李檢查，能穿越物體⋯⋯約 10 萬 -1,000 萬太赫茲

（1 太赫茲為 1 赫茲的 1 兆倍）

電磁波會因為不同的頻率，而有完全不同的用途與功能。經過以上說明，你應該可以了解了吧！

微波爐、GPS 等電磁波的運用原理，我會在第 3 章詳細說明。

電磁波的種類與日常物品

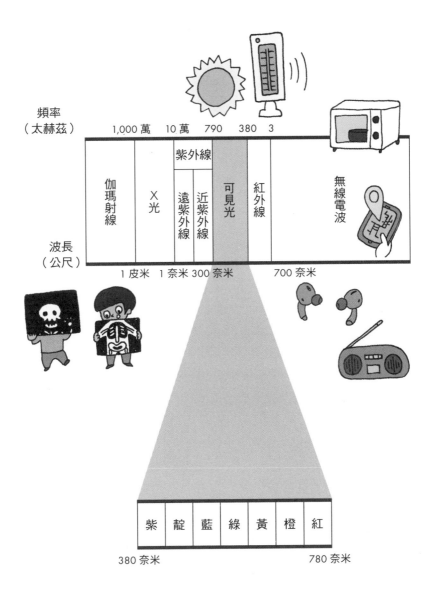

3

為什麼彩虹有 7 種顏色？

畫彩虹時，你會用哪些顏色？

大部分的人應該會用「紅、橙、黃、綠、藍、靛、紫」這7種顏色。

那為什麼彩虹有 7 種顏色呢？

彩虹跟電磁波也有關

彩虹看起來有 7 種顏色，跟**電磁波**的光有關。

太陽發出的光包含各種顏色，顏色的差異是因光的波長不同而造成。有些波長範圍的光人眼能夠感知，有些則否。人眼可看見的光稱為**可見光**。

人眼依照波長的順序來辨識顏色。**紅色的波長最長，接下來依序是橙、黃、綠、藍、靛、紫。**因此，我們看到的彩虹顏色順序與波長順序相同，最上方是波長最長的紅色，然後依序往下，最下方是波長最短的紫色。

人眼看不見的「光」

空間中也存在人眼看不見的光。

其中一種就是春夏期間大家都很在意的**紫外線**。

紫外線存在於**紫外光區**（Ultraviolet Region），那是人眼無法觀測的波長範圍。

紫外線波長在 380 奈米以下，其中波長 300-380 奈米的稱為**近紫外線**，300 奈米以下的稱為**遠紫外線**。

近紫外線會到達地球表面，使皮膚晒黑，有很強的殺菌效果。遠紫外線和近紫外線不同，對人體無害，也具有殺菌作用。

人眼看不見紫外光區的光，但蜜蜂、蝴蝶等大部分昆蟲都能感測；因為牠們所吃的花粉、花蜜在紫外線下特別醒目。

電腦以 0 與 1 來運作

電腦出問題的時候，可能使股票市場交易完全停止、機場櫃檯無法發售機票，社會上許多活動停擺。現代社會已演變成只要沒有電腦，各方面都無法運轉了。

許多人每天早上都會看天氣預報，電腦也是氣象預報作業不可或缺的工具。

電腦做的都是如此困難的事，你可能會以為電腦中的計算一定很複雜。

2 是 10，3 是 11？

其實，電腦所做的運算只有小學學過的加、減、乘、除（四則運算），處理的數字只有 **0 和 1**。

電腦的 0 與 1，代表電路的「關」與「開」兩種相對狀態。所有數字都可以用 0 與 1 來表示，這種數字表示方式稱為**二進位**（請見第 23 頁）。

十進位與二進位

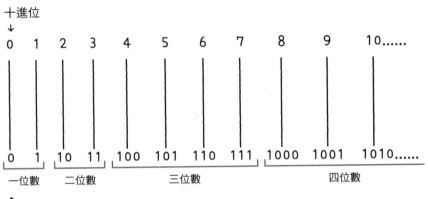

我們平時習慣採用**十進位**，亦即以「10」作為計算標準。

十進位中，9 以內是個位數，10-99 是二位數，100 則是三位數；以 10 為基數，逢 10 進位。

十進位的 0 與 1 在二進位中是個位數；十進位的 2 與 3 在二進位中是二位數；十進位的 4-7 在二進位中則成了三位數。

十進位的 2 以二進位表示是 10；十進位的 3 在二進位中是 11；十進位的 4 在二進位中則進入三位數，變成 100。

以這樣的方式，電腦只用 2 個數字便可進行所有功能的操作。

23

5

機器學習與人腦的構造

最近愈來愈常聽到 AI（Artificial Intelligence，人工智慧）這個詞，你能說明 AI 是什麼嗎？

最近也常耳聞**機器學習**（Machine Learning）這個術語，你可以解釋它是什麼嗎？

AI 指在機器上重現人類的智能，機器人就是一個例子。機器學習是 AI 的類型之一，它是讓電腦學習資料的規律性，據此分析訊息、資料，進行預測與推測的一種方法。

機器學習有線性迴歸分析、隨機森林（Random Forest）等許多種類，其中最有名的是模擬人腦傳達方式的**神經網路**（Neural Network）。

在介紹 AI 的構造之前，我們必須先知道人腦的構造。

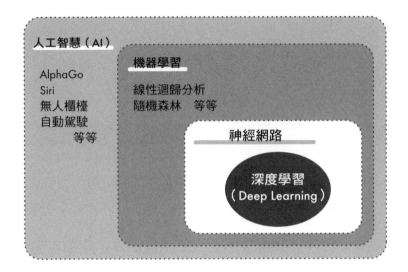

人腦的訊息傳遞機制

　　人腦中有 1,000 億個神經細胞，稱為**神經元**（Neuron）。每個神經元都有幾個突起的部分延伸出去，和其他的神經元相連結。

　　神經元之間連結的接觸點稱為**突觸**（Synapse），把電訊號傳送出去的部分稱為**前突觸區**（Presynaptic Terminal），接收電訊號的部分稱為**後突觸區**（Postsynaptic Terminal）。接收到神經元傳來的電訊號時，儲存在突觸小泡（Synaptic Vesicl）內的血清素（Serotonin）等**神經傳導物質**就會被釋放出來，由下一個神經元後突觸區的受體接收，完成訊息的傳遞。

25

一個神經元要接收 1,000 個以上突觸所傳來的訊息，但電訊號的權重會依重要性而不同。當權重的總和超過一定的值（閾值，Threshold），電訊號就會傳遞到下一個神經元。

神經元與突觸以這樣的方式在人腦中組成錯綜複雜的網絡。

AI 以模擬人腦的方式製造

AI 就像是人造腦。

神經網路是機器學習的一種，它形成網絡，使單個人工神經元能從大量人工神經元接收加權的訊號。

也就是說，若將 AI 與人腦類比，人工神經元相當於人腦的神經元，加權的訊號則相當於神經傳導物質。

當互相連結的一群人工神經元將訊號傳到另一群人工神經元的時候，資料被分類，出現了神經元的模式。

為了使模式出現，進入單個人工神經元的訊號會依重要性進行加權與分配。

機器所學習的是「要給哪個訊號多少權重」。經由反覆學習，機器就能獲得、分析大量訊息，並尋找其中的模式。

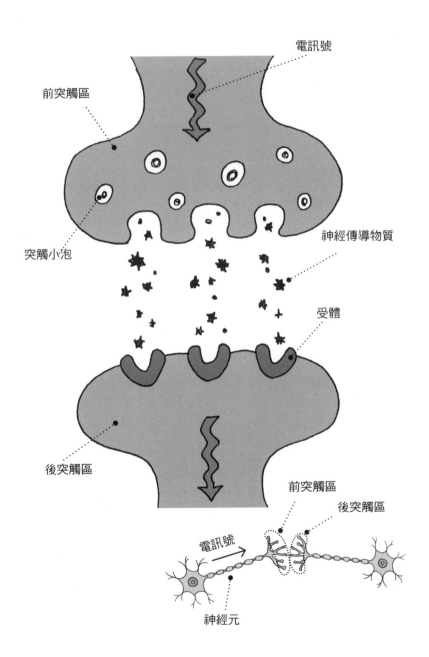

電訊號

前突觸區

突觸小泡

神經傳導物質

受體

後突觸區

前突觸區

後突觸區

電訊號

神經元

夏天到秋天
是颱風活躍的季節

看了前面的說明，你應該可以體會到「科學」無所不在了吧？

平時所聽的新聞報導中也藏有科學，現在我們來討論吧！

南半球的颱風與赤道的颱風

每年從夏季到秋季，日本的新聞都會出現颱風消息。颱風在其他國家也稱為颶風（Hurricane）或氣旋（Cyclone）。

其實，澳洲所在的南半球會發生右轉颱風（呈順時針方向旋轉），但赤道並不會有颱風。

日本的颱風則是左轉颱風（呈逆時針方向旋轉）。也就是說，南半球與日本所在的北半球，颱風方向是相反的。

為什麼颱風的方向會因為地點而不同？為什麼有些地方不會有颱風？我們來談談其中的機制。

日本氣象廳對颱風的定義是：「當熱帶海洋產生的低氣壓（即氣壓低的狀態，如熱帶低氣壓），10 分鐘內平均最大風速在每秒

<u>17.2 公尺以上，即為颱風。</u>」

颱風中心是低氣壓的狀態，而空氣是從氣壓高處流向低處。因為颱風中心的氣壓比周圍低，空氣便流入中心，形成漩渦。

氣象廳對颱風的定義是秒速 17.2 公尺，換算成時速就是 62 公里。比照汽車的速度，應該很容易想像。

另外，颱風依照風的強度可分成 3 個等級。

● <u>強颱</u>：秒速 33-44 公尺（時速 119-158 公里）以下
● <u>超強颱</u>：秒速 44-54 公尺（時速 158-198 公里）以下
● <u>猛烈颱風</u>：秒速 54 公尺（時速 198 公里）以上

以規模來說，還可分為**大型**與**超大型**兩個等級，超大型颱風足以籠罩日本本州。

颱風的旋轉方向由地球自轉與科氏力決定

之前提過，颱風在北半球與南半球的旋轉方向不同，這跟地球的**自轉**有關。

之所以有白天和黑夜，也是因為地球以連接南北極的**地軸**為軸心，一天旋轉一次（自轉）的緣故。

地球是向東（逆時針）自轉，而在地軸的起點和終點——南北極的自轉速度（逆時針旋轉速度）為零。因此，從赤道（地球中央的圓周線，緯度為 0）向北或向南移動，緯度愈高，地球表面的自轉速度愈慢。

從北半球的颱風眼（颱風的中心）來看整體颱風，因為北側的自轉速度慢，所以空氣是向西移動；南側的自轉速度比北側快，所以空氣是向東移動。

也就是說，北側看起來是向西的力量在發揮作用，南側看起來是向東的力量在發揮作用。這些向西、向東的力量稱為**科氏力**（Coriolis Force，地球自轉偏向力）。

科氏力的左右（東西）運動，加上空氣從周圍（氣壓高處）流向中心（氣壓低處），便形成了左旋（逆時針旋轉）的漩渦。

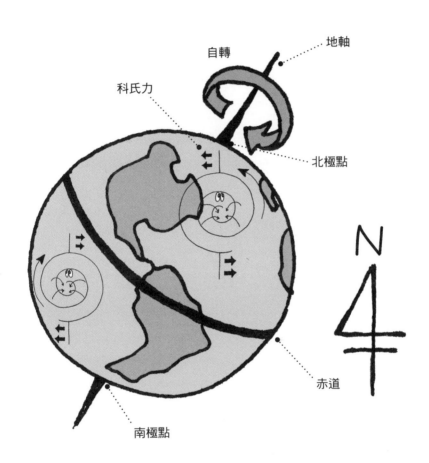

也就是說，科氏力的作用方向垂直於旋轉物體（以颱風來說就是空氣）的運動方向（以颱風來說，就是空氣流入中心的方向）與轉動軸方向（以颱風來說，就是與地平面垂直向外的方向）；也就是從速度方向（即運動方向）依右手螺旋法則轉動，但垂直於轉動軸。

接著，我們用以上觀點來看南半球的颱風。

由於南側的自轉速度比北側慢，空氣在南側是向西流動，在北側則是向東流動。也就是說，南半球的颱風方向與北半球恰恰相反，是向右（順時針方向）旋轉。

而在赤道，因為氣壓低的北側與南側自轉速度差異很小，根本不會產生科氏力，所以不可能有颱風這種大規模的空氣漩渦。

北半球颱風的作用力與旋轉方向

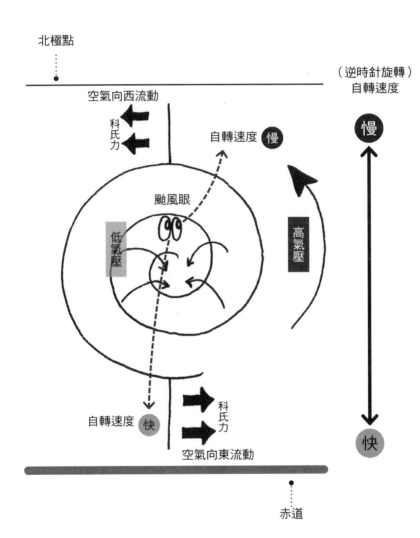

7

我們都受到密碼學的保護

愈來愈多人以無現金支付、信用卡、網路銀行等方式來支付或管理金錢。

不過，有關資訊洩漏與安全漏洞的新聞也愈來愈多。事實上，也有人擔心自己的資訊遭到濫用。

我們的個人資訊究竟是如何受到保護的呢？

應用在密碼學的質數

2、3、5、7、11 等只能被 1 和自身整除的整數，稱為「**質數**」。在學校學習質數的時候，可能有人會懷疑學質數的用處；但事實上，質數在我們的生活中發揮了極大作用。

密碼學（Cryptography）就是質數的用途之一。

密碼學主要分為**共有金鑰加密**（Common-key Cryptography）與**公開金鑰加密**（Public-key cryptography）兩種加解密方式。

共有金鑰加密是指用相同的金鑰（Key）進行加密（Encryption）

質數

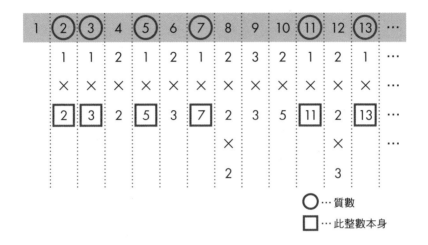

○…質數
□…此整數本身

和解密（Decryption）的方法。

公開金鑰加密則是用不同的金鑰進行加密和解密；加密時使用**公開金鑰**（Public key，簡稱公鑰），解密時使用**私密金鑰**（Private key，簡稱私鑰）。接收者如果不知道私鑰，就無法解密。此時，金鑰使用的就是「質數」。

我們先談談共有金鑰加密。

共有金鑰加密的使用由來已久，發送者和接收者必須擁有相同的金鑰才能解密。

例如，發送者想用「一次跳過一個字閱讀」為金鑰，秘密傳達「明

金鑰:「一次跳過一個字閱讀」

密文

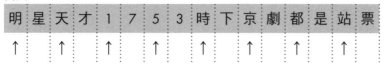

明	星	天	才	1	7	5	3	時	下	京	劇	都	是	站	票
↑		↑		↑		↑		↑		↑		↑		↑	

明天 15 時京都站

天 15 時京都站」的訊息。

那麼,他就可以製作密文「明星天才 1753 時下京劇都是站票」,將「一次跳過一個字閱讀」的金鑰一起傳遞。

如此,接收者便可用金鑰來解密。但如果金鑰丟失,就無法解密。

公開金鑰加密法以質因數分解產生金鑰

公開金鑰加密法的公鑰與私鑰都是用質數與質因數分解來實行。

給出一個正整數,將它以質數的乘積表示,即為質因數分解,例如 21 = 3×7。21 可以用心算進行質因數分解,但數字愈大,質因數分解的難度愈高。

例如,2,881 要如何進行質因數分解呢?

　　質因數分解的慣用方法，就是從最小的質數除起。2,881 第一個能被整除的質數是 43，所以答案是 2,881 ＝ 43×67。雖然只有 4 位數，但從 2、3、5、7……開始嘗試，一直試到 43，也要花不少時間。

　　如果遇到 11 位數，例如 23,536,481,273，要如何分解呢？

　　答案是 104,729×224,737。從 2 到 104,729 共有 9,997 個質數，進行質因數分解的話，要計算將近 1 萬次，才會到達 104,729。如果是 100 位數，嘗試錯誤的次數會多到難以想像。

質因數分解

```
        7                67                        224737
  3 ) 21          43 ) 2881     104729 ) 23536481273
    − 21              − 258              − 209458
  ───────          ───────            ───────────
      0                301                  259068
                     − 301                − 209458
  21=3 × 7         ───────            ───────────
                       0                  496101
                                        − 418916
                  2881=43 × 67         ───────────
                                         771852
                                       − 733103
                                       ───────────
                                         387497
                                       − 314187
                                       ───────────
                                         733103
                                       − 733103
                                       ───────────
                                              0
```

23536481273=104729 × 224737

於是，公開金鑰加密的方法就被研發出來了，它是以大質數為金鑰。

舉例來說，我們可以用之前提到的 11 位數 23,536,481,273 為公鑰，質因數分解的一對數字（104,729，224,737）為私鑰。

也就是說，想要秘密傳遞的內容用「23,536,481,273」加密，傳給對方；接收者則用私鑰（104,729，224,737）還原內容。

現在最常使用的公開金鑰加密具體方法是 **RSA 加密演算法**。這個方法是在 1977 年由羅納德·李維斯特（Ronald L. Rivest）、阿迪·薩莫爾（Adi Shamir）、倫納德·阿德曼（Leonard M. Adleman）三位數學家提出的，RSA 是由三人姓氏的第一個字母所組成。

公開金鑰加密的運作原理

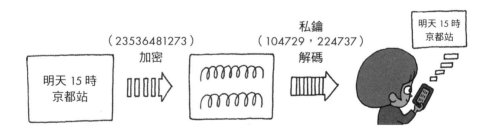

其實在 1973 年，隸屬於當時英國政府通訊總部（Government Communications Headquarters，GCHQ）的詹姆士·艾利斯（James H. Ellis）與克利福德·柯克斯（Clifford Cocks）就已經發現這個方法了。只不過當時此事仍屬機密，並未對外公開。結果，發現者就變成剛才所提的三位數學家，加密演算法也以他們的姓氏命名。

由於電腦的進步，你或許會以為大位數的數字也能瞬間完成質因數分解。但事實上，位數愈多，質因數分解所需的時間也大幅增加。

你知道 300 位數與 150 位數的質因數分解時間相差幾倍嗎？

大部分人可能會以為是「2 倍」，但實際上是 100 萬倍以上。

RSA 建議現在的公鑰與私鑰至少要用 300 位數。

現在，使用質數加密的 RSA 已十分普及，對保護我們的資訊提供相當大的幫助。

8

爲什麼要用氫氣驅動汽車？

這幾年，汽車產業的技術改革令人目不暇給。電動汽車、自動駕駛系統等帶有近未來感的車子已安裝成功，氫能公車也已上路，這類技術只會繼續飛躍成長。

氫氣驅動汽車的原理

汽車用汽油或電力驅動是很容易想像的，但你能想像汽車如何靠「氫氣」驅動嗎？

以氫氣為燃料的汽車稱為燃料電池車（Fuel Cell Vehicle：FCV），顧名思義，就是以燃料電池為動力的汽車。燃料電池使用氫氣與氧氣，藉由兩者的化學反應產生電流；電流再啟動汽車內部的馬達，使汽車能夠行駛。

以汽油為燃料的汽車會排放廢氣，燃料電池車只會排放水，可說是環境友善汽車。

物質由原子構成

之前提到，燃料電池車是藉由氫和氧的化學反應來驅動。不過，氫和氧是什麼呢？

現在我們來談談氫、氧等元素（Element），它們不只為汽車提供動力，也構成我們的身體。

大家在學校背誦化學元素符號時，應該用過「請你讓家茹設法」（氫鋰鈉鉀銣銫鍅）、「媲美蓋斯貝雷」（皮鎂鈣鍶鋇鐳）之類的口訣吧？

口訣的第一個字「請」，代表的正是氫（H）。

那麼，**元素**到底是什麼呢？

汽車、公車、汽油……，世上所有物質都是由**原子**（Atom）組成的，原子的種類有 100 種以上。

原子是由**原子核**（Atomic Nucleus）與**電子**（Electron）構成。原子核位於中心，帶正電荷；電子則在外圍，帶負電荷。

原子的大小約為 0.1 奈米（1 奈米＝十億分之一米）；相較之下，原子核很小，只占原子的萬分之一左右，由帶正電荷的**質子**（Proton）和不帶電荷的**中子**（Neutron）構成。

除了帶電荷、不帶電荷之外，質子與中子的性質相當類似，所以有時也統稱為**核子**（Nucleon）。

核子的質量約為電子的 2,000 倍，而原子的質量幾乎都來自原子核。宇宙中最多的原子是氫（H），氫是由一個質子和一個電子組成。

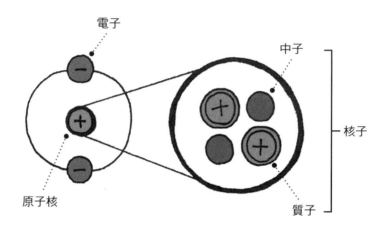

元素與原子的區別

經過各種化學反應的研究，化學家發現了氫、氧、碳等，改為主張物質是由無法進一步分解的少數基本成分——**元素**所組成。

之後，化學家又從化學反應中發現了幾項規則，確定了元素是「以原子為基本單位的集合」。

例如，水（H_2O）是由氫原子（H：原子量 1）和氧原子（O：原子量 16）以 1：8 的質量比組成。

元素週期表

1	2	3	4	5	6	7	8	9	10	11	12	13	14	15	16	17	18
H 氫																	He 氦
Li 鋰	Be 鈹											B 硼	C 碳	N 氮	O 氧	F 氟	Ne 氖
Na 鈉	Mg 鎂											Al 鋁	Si 矽	P 磷	S 硫	Cl 氯	Ar 氬
K 鉀	Ca 鈣	Sc 鈧	Ti 鈦	V 釩	Cr 鉻	Mn 錳	Fe 鐵	Co 鈷	Ni 鎳	Cu 銅	Zn 鋅	Ga 鎵	Ge 鍺	As 砷	Se 硒	Br 溴	Kr 氪
Rb 銣	Sr 鍶	Y 釔	Zr 鋯	Nb 鈮	Mo 鉬	Tc 鎝	Ru 釕	Rh 銠	Pd 鈀	Ag 銀	Cd 鎘	In 銦	Sn 錫	Sb 銻	Te 碲	I 碘	Xe 氙
Cs 銫	Ba 鋇	鑭系元素	Hf 鉿	Ta 鉭	W 鎢	Re 錸	Os 鋨	Ir 銥	Pt 鉑	Au 金	Hg 汞	Tl 鉈	Pb 鉛	Bi 鉍	Po 釙	At 砈	Rn 氡
Fr 鍅	Ra 鐳	錒系元素	Rf 鑪	Db 𨧀	Sg 𨭎	Bh 𨨏	Hs 𨭆	Mt 䥑	Ds 鐽	Rg 錀	Cn 鎶	Nh 鉨	Fl 鈇	Mc 鏌	Lv 鉝	Ts 鿬	Og 鿫

La 鑭	Ce 鈰	Pr 鐠	Nd 釹	Pm 鉕	Sm 釤	Eu 銪	Gd 釓	Tb 鋱	Dy 鏑	Ho 鈥	Er 鉺	Tm 銩	Yb 鐿	Lu 鎦
Ac 錒	Th 釷	Pa 鏷	U 鈾	Np 錼	Pu 鈽	Am 鎇	Cm 鋦	Bk 鉳	Cf 鉲	Es 鑀	Fm 鐨	Md 鍆	No 鍩	Lr 鐒

而一氧化碳（CO）、二氧化碳（CO_2）兩者的 1 個碳原子（C：原子量 12）對應的氧原子（O：原子量 16）數，其比例則是 $1:2$（$2C + O_2 = 2CO$，$C + O_2 = CO_2$）。

總之，元素由原子結合而成，它構成了我們身邊的事物（物質）。

元素是原子的集合

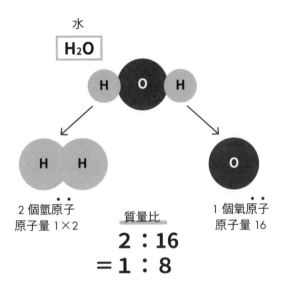

水

H_2O

2 個氫原子
原子量 1×2

質量比

$2 : 16$
$= 1 : 8$

1 個氧原子
原子量 16

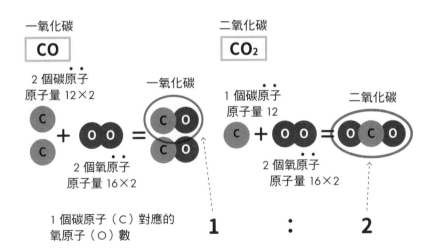

一氧化碳

CO

2 個碳原子
原子量 12×2

一氧化碳

2 個氧原子
原子量 16×2

1 個碳原子（C）對應的
氧原子（O）數

1

二氧化碳

CO₂

1 個碳原子
原子量 12

二氧化碳

2 個氧原子
原子量 16×2

:

2

9

地震對人類帶來威脅

對日本人來說，2011 年 3 月 11 日是一場嘔欲擺脫的惡夢。那天發生了東北地方太平洋近海地震，引發東日本大震災。這場地震高達 9.0-9.1 級，是日本觀測史上最大的地震。

這場超級大地震的震源在宮城縣牡鹿半島東南東方 130 公里附近，深度約 24 公里，能量是 1995 年阪神、淡路大地震的 1,000 倍（能量規模說法不一）。

東北地方太平洋近海地震資訊摘要：

【東日本大震災】

震級 9.0-9.1

最大震度 7

震源 宮城縣牡鹿半島東南東方 130 公里附近

深度約 24 公里

種類 海溝型地震

兩種地震與日本附近的板塊構造

地震的震動、搖晃不只會造成地裂、物品墜落等損失，也會引發海嘯、火災等二次災害。尤其日本被稱為地震大國，自古便飽受地震折磨。雖然現在科學發達，但似乎仍無法預測與因應地震。

我們先來談談地震的基本知識。

地震可分為**海溝型地震**與**內陸地震**（Inland Earthquake，又名板塊內地震〔Intraplate Earthquake〕）。

東北地方太平洋近海地震是「海溝型地震」，引起阪神、淡路大震災的兵庫縣南部地震與 2016 年的熊本地震則是「板塊內地震」。這兩種地震都是因為地下的岩盤（板塊）位移引起的。

地表覆蓋了數十個板塊，有 2 個**大陸板塊**和 2 個**海洋板塊**橫跨日本列島周邊。

板塊一年會移動幾公分。海洋板塊的密度比大陸板塊高，所以當兩種板塊碰撞時，海洋板塊會下沉到大陸板塊之下。

日本列島東半部在北美板塊之上，西半部則在歐亞板塊之上；菲律賓海板塊（海洋板塊）下沉到歐亞板塊之下，太平洋板塊（海洋板塊）則下沉到北美板塊之下。

海洋板塊下沉時，也會將大陸板塊拖入地下。當大陸板塊承受不住海洋板塊下拉的力量，堅硬的板塊就會破裂或回彈，此時就會引起海溝型地震。

海洋板塊的沉降也會影響到不相連的海洋板塊或大陸板塊內側，各自引起地盤位移，此時就會發生板塊內地震。

震級和震度表示地震的大小

地震發生時，新聞報導都會提到**震級**和**震度**。你知道那是什麼意思嗎？

震級指的是地震的規模，震度指的是地震搖晃、震動的程度。

震級愈大，地震的規模愈大；但即使震級高，只要震源愈遠，震度就會愈小。

日本周邊的板塊與地震發生的機制

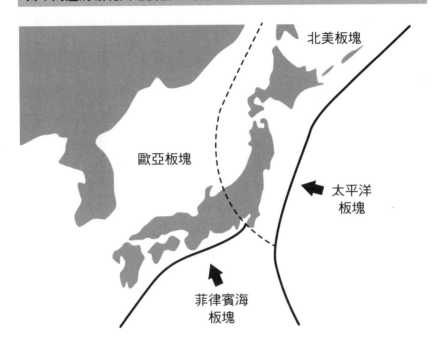

北美板塊

歐亞板塊

太平洋
板塊

菲律賓海
板塊

海溝

海洋板塊

大陸板塊

① 海洋板塊沉入大陸板塊
之下

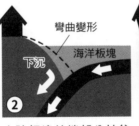

彎曲變形

海洋板塊

下沉

② 大陸板塊前端部分被往
下拖，愈來愈彎曲

海嘯的發生

海洋板塊

回彈

③ 當彎曲到極限，大陸板
塊的前端部分就會彈
回，引發海溝型地震

一般人不太知道，日本使用的震級有兩種；一種是**氣象廳震級**，一種是**地震矩規模**（Moment Magnitude Scale, 記作 MW），兩種都是用「對數尺度（Logarithmic Scale）」來表示地震所釋放的能量大小。

大家聽過「乘冪」嗎？

我想，說 2 的 2 次方或 3 次方應該會比較容易理解。「乘冪」就是次方，即同一數自乘若干次的乘方；例如 2 自乘三次，就是 2 的三次冪。

2 自乘三次就是 $2 \times 2 \times 2$ 等於 8，用算式表示就是 $2^3 = 8$。

再請問大家聽過 log 嗎？

log 指對數，以上述 2 的乘冪為例，log 這個符號就是在表達「2 自乘多少次會等於 8」。log 也是求出上例的乘冪為 3 的方法；2 自乘三次等於 8，用算式表示，就是 $\log_2 8 = 3$。

在這個 log 算式中，2 稱為底數，3 稱為對數，它表示「以 2 為底數時，8 的對數為 3」。

地震震級就是以對數尺度表示。如果震級增加 2 級，表示能量增為 1,000 倍；以算式表示，就是 $(\sqrt{1000})^2 = 1000$，所以 $\log_{\sqrt{1000}} 1000 = 2$。$\sqrt{}$ 稱為根號，即求平方根的符號，$\sqrt{1000}$ 約等於 32。

也就是說，對數尺度訂出一個標準：震級多一級，能量便增加約 32 倍。

雖然氣象廳震級與地震矩規模都是用對數尺度表示，但兩者的測量方法並不相同。

接著來談談測量方法。

爲什麼要使用兩種不同的震級？

氣象廳震級的計算，是在週期 5 秒內的強烈震動波形中，取最大振幅值為基準。

因為地震是地面的震動搖晃，一般來說，波的能量與波的振幅平方及持續時間成正比。

這個方法的優點是，能夠在地震發生後立刻計算。但如果是超級大地震（如引發東日本大震災的東北地方太平洋近海地震），週期 5 秒以上才會發生更大的震動，此時若仍使用氣象廳震級，就會低估地震實際釋放的能量。

地震矩規模修正了氣象廳震級的缺點。

它依據引發地震的岩盤位移來計算震級。具體來說，就是「斷層面積」、「斷層長度」、「岩盤硬度」三種係數的乘積。

地震矩規模的計算需要這些正確資料，所以必須分析多個地震儀的紀錄，要花費許多時間。

兩種不同的測量方法算出的震級也有差別。

例如，東北地方太平洋近海地震發生時，當天發布氣象廳震級是 7.9，但過了兩天，又發布地震矩規模為 9.0。

氣象廳震級、地震矩規模這兩種方法的優缺點彼此互補，相輔相成。

日本使用的兩種震級

氣象廳震級

週期5秒內的強烈震動波形中，取最大振幅值為基準來計算

優點

能夠在地震發生後立刻計算

缺點

若發生的是超級大地震，會低估地震實際釋放的能量

地震矩規模

依據引發地震的岩盤位移來計算
具體來說，是「斷層面積」、「斷層長度」、「岩盤硬度」
三種係數的乘積

優點

能算出比氣象廳震級更正確的震級

缺點

計算相當費時

10

生命的機制

　　生命究竟是什麼？這個問題沒有一致的答案。日本生物學家更科功在《只要好好活著，就很了不起》一書中，提到生物的定義必須滿足以下 3 種條件：

- **以「膜」和外界區隔**
- **進行代謝（將物質轉化為能量，並用能量合成物質）**
- **自我複製**

　　現在我們來檢視人類是否符合這些條件。

　　人類是由細胞構成，而細胞有一層「膜」，稱為細胞膜，因此符合第一項條件。

　　第二項條件是代謝。我們平常會說「新陳代謝良好」、「為了減肥要提高基礎代謝」等等，而將攝取過多的飲食轉為脂肪也是一種代謝功能。所以，人類也符合第二項條件。

　　最後一項條件是自我複製，指 DNA 的複製。這是一個細胞產生兩個細胞（細胞分裂）的必要過程，人類的胎兒是由受精卵持續

進行細胞分裂而形成，所以最後一項條件也符合了。由這些條件看來，人類可稱為生物。

孟德爾法則打造遺傳學的第一步

提起生物，我們往往會想到人類、狗、牛等動物，但生物並不等同於動物。

自古以來，農業領域便以雜交育種的方式進行品種改良，即使不知道遺傳的原理，技術也因經驗的累積而進步。第一個做遺傳學量化分析、踏出遺傳學第一步的是格雷戈爾·約翰·孟德爾（Gregor Johann Mendel），也就是我們在中學所學的「**孟德爾法則**」（Mendel Law）的發現者。

孟德爾從 1853 年開始用豌豆做雜交實驗。他發現，實驗結果可用 3 項簡單的規則（即孟德爾法則）來表示。

依據孟德爾法則，所有生物都是由基因決定；人是人生的，馬是馬生的（第 3 章會更詳細說明）。

發現傳達遺傳訊息的 DNA

孟德爾法則發表後不久，瑞士身兼生理學家、生化學家及醫師身分的弗雷德里希・米歇爾（Johannes Friedrich Miescher）在 1869 年發現了**核素**（Nuclein，現改稱核酸〔Nucleic Acid〕）。

他在研究生物細胞由何種物質構成的過程中，發現白血球的細胞核中有一種富含磷（Phosphorus）的物質，便將它命名為核素。

發現當時，沒有人知道這種物質的作用。但隨著研究的進展，人們逐漸了解，核酸有 DNA（去氧核糖核酸）與 RNA（核糖核酸）兩種，而 DNA 上記錄了遺傳訊息。

1920 年代，人們知道了 DNA 的化學組成包括腺嘌呤（Adenine，A）、鳥嘌呤（Guanine，G）、胞嘧啶（Cytosine，C）、胸腺嘧啶（Thymine，T）、磷酸（Phosphoric acid），以及名為去氧核糖（Deoxyribose）的糖分子（砂糖）。

腺嘌呤、鳥嘌呤、胞嘧啶、胸腺嘧啶是含氮分子，因其化學性質而被稱為**鹼基**（Base）。鹼基可提供自己的 2 個電子給接受者而形成結合狀態，接受電子的一方稱為**硼酸**（Boric Acid）。

鹼基、糖、磷酸三者的組合稱為**核苷酸**（Nucleotide），大量核苷酸連接在一起，便形成 DNA 與 RNA。

隨著遺傳學研究的發展，美國分子生物學家詹姆斯・華生（James Dewey Watson）與英國科學家法蘭西斯・克里克（Francis Harry Compton Crick）發現 DNA 的「雙螺旋結構」（Double Helix Structure）。

知道 DNA 的結構後，研究方向便逐漸轉移到「DNA 上的遺傳訊息如何製造成特定的蛋白質」。

1958 年，克里克提出「遺傳訊息從 DNA 轉移到 RNA，再以該訊息為模板，傳遞給蛋白質」。後續的研究證實，克里克所提出的流程基本上是正確的。於是，這個流程也成為分子生物學（研究遺傳訊息之傳達與發現的學問）的一般原理，稱為**中心法則**（Central Dogma）。

有許多這種微小的物質，經過各種奇妙的機制，我們才得以存在。

華生　克里克

11

「科學」到底是什麼？

其實到目前為止，我們談論的都是高中課程的範圍。不過，或許有人會說：「我從來沒上過科學課。」

那麼，科學究竟是什麼？我們又是怎麼學習它的呢？

雖然「科學」這個詞的用法相當籠統，但近幾年來，它的使用範圍已愈來愈廣了。

比如說，有人會把「科學」當做各種學科的總稱，如自然科學、人文科學、社會科學等。

為了明確定義本書所說的「科學」，我們先來想想如何定義研究科學的人，也就是「科學家」。

「科學家」是什麼樣的人？

想問問大家，對「科學家」有什麼印象？

【科學家的形象】

● 身邊滿是不知名的實驗設備

- **把不明液體混在一起**
- **組裝看似複雜的裝置**
- **像戲裡演的一樣，到處寫算式**
- **只要知道緣由，任何相關的事都做得到**
- **無所不知**
- **除了自己的專業以外一無所知**

　等等

多數人對科學家的印象應該就是這樣吧？

但實際上，即使都是科學家，也有各式各樣、截然不同的研究範圍與研究風格。有些研究與日常生活直接相關，有些研究即使過了 1,000 年，看起來依然沒什麼用處。

有些科學家做實驗；有些科學家為了實驗或觀測，自己安裝、製造設備；有些科學家一直盯著電腦；也有些科學家專注於從腦袋生出構想，並用算式確認。

生於德國的物理學家愛因斯坦（Albert Einstein）以提出相對論而知名。曾有人問他：「什麼是研究？」他回答：「大自然是神的圖書館，從牆壁到天花板都滿藏著用神秘難解的文字寫成的書籍，研究就是試著去看懂其中某本書寫了什麼。」

意思就是說，研究的方法有很多種。

科學與自然科學的差異

科學家窮盡一切方法研究自然界發生的各種現象。

而本書談論的「科學」，雖然僅限於物理、化學、生物學等「自然科學」，以及解釋自然科學所需的數學，但科學研究的結果往往會對政治、社會產生很大的影響。也就是說，科學不只侷限於自然科學的範圍內。

大致可以說，自然科學的研究目的是解釋自然界現象「為何」與「如何」發生的原理。

自然科學研究方法通常遵循以下步驟：以實驗或觀察所得資料建立說明自然現象的假設（Hypothesis），再依據假設進行預測（Prediction），然後根據實驗或觀察結果檢驗預測。

尤其是物理學理論可以用數學的方式敘述，被稱為自然法則。

例如，英國科學家艾薩克・牛頓（Isaac Newton）發現重力法則──萬有引力定律，但事實上，這個定律並非放諸四海皆準。

愛因斯坦發現，萬有引力定律並未完全掌握重力的本質，這點我會在第 2 章詳細說明。

愛因斯坦在建立廣義相對論（General Relativity）時，就知道牛

頓的萬有引力定律有其侷限。

科學到底有什麼用？

前面已說明了「高中程度的科學」與「本書對科學的定義」，你現在應該知道科學是什麼了吧！

但我耳邊彷彿傳來謎樣的聲音：「我對科學更不了解了。」

歸根結底，科學究竟是什麼？

我認為，**科學是人類重要的精神活動，它滿足了人類基於理性與邏輯思考的知識好奇心**。

新型冠狀病毒在歐洲肆虐之時，德國總理梅克爾對國民發表演說，其中談到科學：

「歐洲會成為今日的樣貌，是因為人們對科學知識的信任，以及這份信任所帶來的啟蒙。人類應該更重視科學知識。我在社會主義東德專攻物理學，無論社會主義政權改變了多少政治事件與歷史事實，它都無法改變重力與光速的法則。對立基於科學知識的事實，我們無法視而不見。」

她進一步呼籲，為了控制新型冠狀病毒，必須避免與人接觸，因為這是防止新冠病毒蔓延的正確科學方法。

　　當然，科學並非萬能，科學與科學的預測也可能隨著時間而改變。

　　但在判斷事物時，科學仍是最可靠的。她在演說中大聲疾呼應多支持教育與學術，應該也是出於她對科學思考方式的重視。

　　對科學而言，對事物的客觀看法、合乎邏輯的思考方式、認清世上沒有絕對的正確，並永遠接受錯誤的可能性，都是非常重要的事。

　　愛因斯坦能夠證明萬有引力定律的限制，應該也是因為科學思維給予他的啟發，讓他懷疑「萬有引力定律可能有錯」。

科學的歷史
與科學家

1

科學由科學來證明

在第 1 章，我們談論了小學到高中所學的與日常生活有關的科學。

第 2 章，我會把重點放在所有物質、定律與現象的發現史，以及發現、發明它們的科學家。

蘋果的掉落與偉大的發現

17-18 世紀，英國科學家牛頓看見蘋果從樹上掉落而發現萬有引力定律，是人人皆知的故事。

萬有引力定律是重力的法則，它指出宇宙一切物體都具有相互吸引的力量（引力）。這個定律能夠完美解釋行星的運動，如「月球為何不會墜落在地球上」。

英國天文學家愛德蒙・哈雷（Edmond Halley）依據萬有引力定律，推斷 1682 年出現的彗星與 1531 年、1607 年出現的彗星是同一顆，並預測 1758 年它將再次出現。雖然哈雷在預測得到證實之

前即過世，但在 1758 年 12 月 25 日，如同他的預測，天文學家觀測到了這顆彗星，也就是哈雷彗星。

哈雷彗星每隔 75.32 年才會接近地球，肉眼就能觀測到。它上一次最接近地球的時間是 1986 年 4 月。

下次哈雷彗星最接近地球的時間預計在 2061 年 7 月，應該沒有任何物理學家會懷疑這件事。

哈雷彗星之後，萬有引力定律經過多次驗證成功。天文學家用萬有引力定律預測海王星的軌道，也發現了海王星。

「萬有引力定律」曾被認為是萬能的

不過，19 世紀水星運動的觀測資料跟萬有引力定律的預測不一致，雖然僅有些微出入。當時，多數物理學家認為萬有引力定律是正確的，不符合觀測資料是因為太陽與水星之間有一顆尚未被發現的行星，影響了水星的運行。天文學家花了很大的力氣尋找這顆行星，但都一無所獲。

只有一個科學家建立完全相反的假設，並完美解釋了水星觀測資料與萬有引力定律的差異，這個科學家就是愛因斯坦。

愛因斯坦用「廣義相對論」說明其中差異。廣義相對論以空間詮釋重力；更正確的說法是，時間與空間是一體的，稱為「時空」，而重力就是時空曲率。關於廣義相對論，我會在第 4 章詳細說明。

也就是說，廣義相對論的誕生，讓我們知道牛頓的萬有引力定律並未完全掌握重力的真正本質。

錯誤的理論仍可使用

就像萬有引力定律的例子，經多次驗證的理論也未必正確。不同的時代會有新的實驗或觀測結果，有時會與既有理論產生矛盾。這種情況下，理論就變得不夠完整。

但即使是不夠完整的理論，在適用範圍內仍可使用。

不過，該如何決定適用範圍？

答案是，只有在知道正確理論（這裡指廣義相對論）時才能決定。

以萬有引力定律為例，重力強大的黑洞在其適用範圍外，地球上的現象則在其適用範圍內。

今後如果有新的實驗或觀測，或精確度更高的測量或計算，廣義相對論也有可能被更正確的理論所取代。

　　科學就是因為有新的研究，才得以修正錯誤，持續進步、發展。

　　現今社會能夠維持運作，有賴於我們生活周遭的科學。這些科學原理的背後有許許多多的科學家，他們經過一次次的失敗與錯誤，發現新的現象與物質，提出更正確的理論。

2 現代文明不可或缺的電磁波是如何發現的？

第 1 章提到，我們身邊充滿飛來飛去的電磁波。那麼，電磁波是如何被發現的呢？

在說明電磁波的發現之前，我們先來談談電磁感應（Electromagnetic Induction）的發現，這兩者有密不可分的關係。

電磁感應的發現出自對知識的好奇心

1791 年，麥可・法拉第（Michael Faraday）出生於倫敦的貧窮鐵匠家庭。4 個兄弟中，他排行第三。因為家境貧困，他幾乎沒受過教育，13 歲就被送到家附近當學徒。

幸運的是，他在書本裝訂廠工作，因此接觸到許多科學書籍。

當時，義大利物理學家亞歷山德羅・伏特（Alessandro Volta）與路易吉・伽伐尼（Luigi Galvani）正在做一項有趣的實驗，就是用兩種金屬接觸蛙腿，使蛙腿痙攣。伽伐尼認為蛙腿痙攣的原因是「動物的肌肉本身就帶電」；伏特則認為是「電流從不同金屬間

通過蛙腿」，他還證明電流也能通過浸了食鹽水的紙。法拉第在書中看到這個實驗以後，也想嘗試這種有關電力的實驗，便用他微薄的薪水著手進行。

1812 年，幸運之神找上法拉第。有位顧客聽裝訂廠老闆稱讚法拉第在認真工作之餘，還勤於做實驗，便提供他參觀英國化學家漢弗里・戴維（Sir Humphry Davy）公開實驗的門票。

法拉第去見識了公開實驗，詳細記錄實況，並將筆記寄給了戴維。戴維當時正在找實驗助理，看了法拉第的筆記，便錄用了他，並提供住宿，而法拉第表現出超乎助理的優秀才能。

當時，人們還不知道電力與磁力的本質，各種相關實驗仍在進行中。

法拉第特別感興趣的是，電流通過電線時，近處的指南針會出現擺動的現象。指南針的感應，表示磁場力量對指南針起作用；也就是說，電流產生了磁場。

法拉第從這點得到靈感，開始一項實驗。他試圖製造一種裝置，以藉由電流產生磁力，再用磁力使物體旋轉，不過並沒有成功。不知道法拉第對這項實驗的參與程度有多深，但他似乎經常和戴維討論。

不久，法拉第想到一個方法，就是在磁鐵周圍掛一條可讓電流通過的銅線。磁鐵受銅線產生的磁場力量影響，原本應該會移動；但如果事先固定磁鐵，它就動不了，反而銅線會開始圍繞磁鐵旋轉。

　　也就是說，電流變為旋轉運動。

　　這個裝置就是世界上第一台馬達，現在稱為法拉第馬達。

　　之後，他將銅線纏繞成線圈，並以其他各種方式反覆進行實驗。

　　法拉第認為，電力和磁力會發生作用，是因為電荷與磁鐵周圍的空間分別形成電場與磁場。他的結論是，電場對電荷施加作用力，磁場對磁鐵施加作用力。「場」的概念，就此成為現代物理學的基本思考方式。

　　1831 年，法拉第發現，如果讓電流通過 2 個線圈的其中一個，在電流接通與切斷的瞬間，另一線圈就會有電流通過。

　　這是因為施加電流的線圈周圍會形成磁場，在電流接通與切斷時，磁場會形成與消失，所以電流會通過另一個線圈。

也就是說，當磁場有變化，就會產生電流，這種現象稱為**電磁感應**，因磁場變化而產生的電流稱為**感應電流**（Induced Current）。因為電磁感應的發現，電磁學（Electromagnetism）便成為物理學的領域之一。

法拉第完全沒受過數學教育，無法以數學的形式表達自己的發現。所以在他的研究日誌中，是用圖解與文字來說明電磁感應。

後來，蘇格蘭物理學家詹姆斯・克拉克・馬克斯威爾（James Clerk Maxwell）用「向量分析」（Vector Analysis）的數學形式來表達法拉第的一系列發現。

這導致電磁學的發展與電磁波的發現。

電磁波曾被認為是無用的

電磁波是電場和磁場的振動在空間中傳播的一種現象。

發現電磁波之前，人們認為電力只在帶電的物體近處起作用，磁力只在磁鐵近處起作用。

1864 年，馬克斯威爾預測電磁波的存在。他的研究結果發現，理論上，電場、磁場能夠脫離電荷的束縛，在空間中自由運動。

後來，美國物理學家理察・費曼（Richard Phillips Feynman）將馬克斯威爾的發現形容成「蛹化為蝶」。

不過，當時很難證明那隻蝴蝶，也就是電磁波的存在。直到 20 多年後的 1888 年，才經由實驗證實。

以實驗證明電磁波存在的是德國物理學家海因里希・魯道夫・赫茲（Heinrich Rudolf Hertz）。據說在當時，研究室有個學生問他：「電磁波有什麼用呢？」他回答；「大概沒什麼用吧！」

他會這麼說，可能是因為這個實驗是在室內做的，雖然證明了電磁波可在室內傳播，但不知道它還能傳到更遠的地方。他可能沒想到，電磁波不但可以在房屋之間來回，甚至還能跨越各大洲。

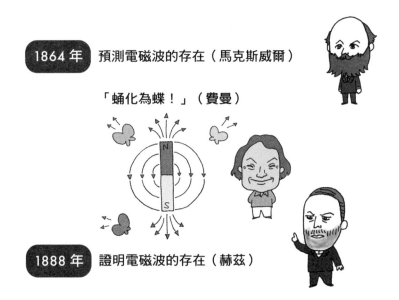

1864 年　預測電磁波的存在（馬克斯威爾）

「蛹化為蝶！」（費曼）

1888 年　證明電磁波的存在（赫茲）

72

到了現代，人們已了解電磁波的性質，將它運用於 Wi-Fi、藍牙耳機、微波爐、IC 卡等，對它的功能相當重視。若說現代文明是拜電磁波所賜，並非言過其實。

3

電腦的誕生與發展

最近的熱門話題——超級電腦，簡單來說，就是能用非常快的速度計算（運算）的電腦。

人類完全比不上的速度

電腦運算速度的單位是 **FLOPS**（Floating-point Operations Per Second，每秒浮點運算次數），1 秒運算一次就是 1FLOPS。

現在全世界開發的超級電腦，如日本的「富岳」，是以 1EFLOPS 為目標。

1EFLOPS，就是 1 秒的處理速度為 100 京（1 京＝ 10 兆，100 京即 10^{18}，1 的後面有 18 個 0）。也就是說，超級電腦 1 秒可運算 10^{18} 次；這是全國人不眠不休進行 10 億次以上的計算才能達到的結果。

1946 年問世的世界第一台電腦 ENIAC（Electronic Numerical Integrator and Computer，電子數值積分計算機）是以電子線路執

74

行運算，採十進位，計算速度大約是 1 秒 5,000 次。它有 30 噸重，24 公尺寬，2.5 公尺高，想像一個倉庫的大小就可知道它的尺寸。

1951 年，第一代能進行程式設計的電腦——EDVAC（Electronic Discrete Variable Automatic Computer，電子離散變數自動計算機，採二進位）誕生。這台電腦的主要設計者是出生於匈牙利的美籍數學家約翰・馮紐曼（John von Neumann），他的綽號是「人類史上最恐怖的天才」。據說，這台電腦製作成功時，他說：「僅次於我的聰明傢伙出現了！」

此後，電腦的發展一日千里，自然科學的研究也少不了它。

看似萬能的電腦也有不擅長的事

電腦能瞬間完成多位數的計算，這是人類望塵莫及的，不過電腦也有做不來的事。

電腦很難在多人合照中找出特定的人。

因為用電腦解決問題時，人類必須用電腦懂的語言（程式），教導它如何處理給它的資料，以及使用什麼樣的分析方法。

也就是說，沒有程式，電腦就毫無用處。

電腦的程式，基本上就是使用 0 與 1 的四則運算所組成的一系列簡單規則。

但是，簡單的規則無法從眾多人臉中選出特定的人，因為這需要多種要素的組合才能判斷。

因此，人類很難設計出「從多張人臉中選出特定的人」的程式。

所以，人類現在已經開始研究，如何不給予程式指示，而讓電腦自行從資料中學習，從中找出規則或模式，再用它們找出的模式解答未知的問題。

這就是我們在第 1 章介紹的**機器學習**（請見 24 頁）。

深度學習是最近的熱門話題，它是一種使用神經網路的機器學習方法。

簡而言之，就是一次次以分層的方式從資料中學習模式。分層指以某個階段得到的模式為基礎來做進一步學習，所以層次愈多，出現的模式也愈多。

資料愈多，深度學習的精確度愈高，演算量也隨之巨幅增長。

21 世紀以來，由於網際網路的發達，龐大的資料唾手可得。加上電腦性能顯著提升，尤其是扮演人工神經元角色、影像處理專用的半導體——GPU（Graphic Processing Unit，圖形處理器）的使用，使聲音辨識、影像辨識等運用深度學習的技術得以實際應用。

2016 年到 2017 年間，結合機器學習與深度學習技術所開發的人工智慧圍棋軟體——AlphaGo 與當時最優秀的圍棋棋士對弈，連連獲勝，代表電腦離人類智能又更近了一步。

電腦繼續發展下去，會變成什麼樣子？

那麼，電腦究竟會發展到什麼程度呢？

1968 年美國的科幻電影《2001 太空漫遊》（*2001: A Space Odyssey*）中，開往木星的太空船上裝備了一台人工智慧 HAL9000 型電腦，它擁有自我意識，企圖殺害想要關閉其主機的人員。

之後，就有愈來愈多具有自我意識的電腦出現在《魔鬼終結者》（*The Terminator*）之類的電影中。

現在的電腦功能確實在某些方面遠遠超過人腦，但以通用性來說，還是落後人類一大截，也沒有自我意識。

英國數學家厄文・約翰・古德（Irving John Good）預測，人工智慧（AI）的能力早晚會超越人類；AI 將製造出比本身更優秀的 AI，而那個優秀的 AI 又會製造出更優秀的 AI……，最終將產生人類無法想像的超級智能。

美國的未來學家雷・庫茲威爾（Ray Kurzweil）預測，電腦的速度會呈指數級成長，在某個時間點將超越全人類的智性能力。這個時間點稱為 **奇異點**（Singularity），他認為會在 2045 年發生。

神經網路模擬人腦的運作，而以神經網路為基礎的電腦能否超越人腦、達到奇異點，依然存在爭議。

未來學家庫茲威爾的預測

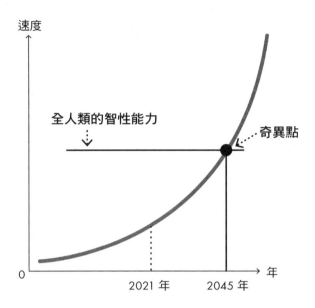

但無論如何，有些趨勢必然會發生。不久的將來，全世界所有可用的資訊都將資料庫化，網際網路的速度會遠超過現在，資訊也將由所有人共享。

庫茲威爾還說：「未來有可能將人腦與電腦連接，把人類的『意識』上傳到電腦。」

此言成真的那一天，大概就是人類的真正價值受到考驗的時候。

4

威脅人類健康的
感染症之變遷

人類曾多次經歷感染症的全球大流行。

除了近年流行的新冠病毒，從前的西班牙流感、鼠疫等感染症都曾造成大量人口死亡，成為人類的一大威脅。

這些感染症是由細菌或病毒引起的，預防與治療方法各有不同。我們先來談談「何謂感染症」，以及「細菌和病毒的差異」。

引發感染症的細菌與病毒

所謂**感染症**，就是病原體進入體內，產生各式各樣症狀的疾病。最具代表性的病原體就是細菌與病毒。

一般而言，細菌比病毒大 10-100 倍。

此外，細菌是生物。它們有細胞，也有細胞膜區隔細胞與外界，能夠進行代謝（攝取營養以維持生命活動）並繁衍後代。

病毒則缺乏獨立的代謝能力。

從這點來看，病毒不符合第 1 章所說的生物的定義（請見 54頁），因此，可說病毒並非生物（雖然生物並沒有完整的定義，

但病毒顯然缺乏生物定義所需的要素）。病毒是進入人類等生物體的活細胞內，合成自己的副本來進行繁殖。

4 大感染症

說明了細菌與病毒的區別後，接下來介紹人類史上最具威脅性的 4 種感染症。

1. 導致大量人口死亡的鼠疫（致病原為細菌）

14 世紀的歐洲，鼠疫造成的死亡人數為當時世界人口的 20％以上，估計有 1 億人之多。

當時並非鼠疫第一次流行。14 世紀以前，鼠疫已反覆流行多次。

19 世紀末，鼠疫在香港爆發之際，日本醫學家兼細菌學家北里柴三郎發現鼠疫的致病原是鼠疫桿菌（Yersinia Pestis）。找到感染途徑，並對患者投予抗生素治療後，鼠疫便逐漸消聲匿跡。

北里柴三郎

2. 高死亡率的霍亂（致病原為細菌）

過去，霍亂曾多次爆發全球大流行。日本在江戶時代三度遭霍亂侵襲，發生在幕末那次，據說光是日本就有超過 20 萬人死亡。

1883 年，德國醫師兼細菌學家羅伯特‧柯霍（Heinrich Hermann Robert Koch）發現霍亂弧菌（Vibrio Cholerae）。此後，隨著抗生素的發明，霍亂的流行終於平息。

3. 被當做生化武器的天花（致病原為病毒）

西元 8 世紀，奈良時期的日本遭天花蹂躪，據說造成約 100 萬人死亡，相當於當時人口的四分之一。

16 世紀，天花被當做生化武器，由歐洲人帶到了新大陸，成為阿茲提克帝國與印加帝國滅亡的原因之一。

1796 年，英國醫師愛德華‧金納（Edward Jenner）研發出天花疫苗，終止了天花的大流行；1980 年，自然界的天花確定從地球上根除。

4. 西班牙流感（也就是現在的流感，致病原為病毒）

1918 年到 1920 年，流感（俗稱西班牙流感）橫掃全球。據說當時全世界約有三分之一人口感染，約一億人死亡。

當時，西班牙流感病毒對人類來說是完全陌生的，在沒有任何防禦系統啟動的情況下，西班牙流感席捲了全世界。

1997 年，人類從阿拉斯加凍土挖掘出因西班牙流感致死的遺體，從遺體採取的肺組織中有病毒殘留。經過研究，發現西班牙流感病毒是從禽流感病毒突變而來。

感染症的救星

生物體具備免疫系統，當外來的異物進入體內，免疫系統會辨認出它們，並試圖排除。

例如，你感染過某種疾病之後，就很難再感染第二次；即使又染病，也不會變成重症。

可是，當遇到陌生的細菌或病毒，免疫系統就不會運作。

所以，雖然我們必須預防感染症與研究相關對策，但採取的方法會依不同病原體而有所差異。

我們已經知道，對細菌感染患者投予抗生素是有效的。

1928 年，英國細菌學家亞歷山大‧弗萊明（Alexander Fleming）發現盤尼西林（Penicillin），世界上第一種抗生素就此問世。不過，盤尼西林對付不了肺結核病菌。後來，美國生化學家賽爾曼‧阿伯拉罕‧瓦克斯曼（Selman Abraham Waksman）發現能治療肺結核的抗生素——鏈黴素（Streptomycin）。隨著多種抗生素的發現，醫學也愈來愈進步。

不過，無法用抗生素治療的病毒（如新冠病毒）所引起的流行病，至今仍持續發生。

另一方面，疫苗也提供了對病毒的人工免疫力。

金納注意到，凡是得過牛痘（牛的疾病，發於牛體內的痘瘡）的人，都沒有感染天花，於是他進行所謂的人體實驗。結果顯示，接種了牛痘膿液的人在接種天花膿液後，並未罹患天花。

注射對人體幾乎無害的牛痘病毒，便可製造對牛痘病毒的免疫力；而天花病毒是牛痘病毒的近親，所以對牛痘的免疫力也能有效防禦天花。

這項研究開啟了疫苗的歷史。疫苗保護我們預防所有由病毒引發的感染症。

5

DNA 結構的發現
與研究者間的競爭

1920 年代，人們已知道 DNA 的組成。研究者的下一步是了解 DNA 的結構，以及 DNA 如何傳遞遺傳訊息。

解開這些答案的是第 1 章提到的華生與克里克（請見 57 頁）。

在他們發現答案的過程中，發生了一些有趣的小故事，我來說給大家聽聽。

華生與克里克的研究前提是**查加夫法則**（Chargaff's Rule）—— DNA 中的腺嘌呤（A）與胸腺嘧啶（T）的數量相等；鳥嘌呤（G）與胞嘧啶（C）的數量也相等。

這項法則是出身奧地利的生化學家——埃爾文・查加夫（Erwin Chargaff）在 1950 年發現的，並以他的名字命名。

查加夫

DNA 的研究成果是先講先贏

在 1950 年代，對 DNA 結構這個主題，研究者間的競爭相當激烈。

倫敦大學國王學院（King's College London）成立了一個小組，用 X 光繞射（X-ray Diffraction）的方法研究 DNA 結構，小組領導人是英國生物物理學家莫里斯·威爾金斯（Maurice Hugh Frederick Wilkins）。

X 光繞射法是從 X 光散射後的狀態來觀察晶體結構。

1951 年，英國物理化學家兼晶體學家、猶太裔女性學者羅莎琳·艾西·富蘭克林（Rosalind Elsie Franklin）用 X 光繞射法獲得豐碩的研究成果，讓她在國王學院取得職位。但是，同樣做 X 光繞射研究的威爾金斯並未以平等態度對待她，所以兩人的關係相當緊張，富蘭克林甚至要威爾金斯退出 DNA 研究。

威爾金斯

富蘭克林

富蘭克林的研究能力相當強，她很快就獨力發現，DNA 依含水量的差異，可分為 A 型和 B 型。

她進一步對 A 型與 B 型分別進行實驗。1952 年，她拍攝到一張 X 光繞射圖，顯示 B 型 DNA 為雙股螺旋結構，這是一項決定性的發現。

當時，華生與克里克並未做 X 光繞射實驗，而是想方設法為 DNA 結構建立理論上的模型。富蘭克林對他們的方法明顯表現出不屑。

因為她相信，X 光繞射這種物理學的正統方法才是最適當的方法，也只有這種方法才能解開 DNA 的真實樣貌。

當然，她和華生等人的關係也是劍拔弩張……

有一天，威爾金斯偷偷把富蘭克林拍攝的 X 光繞射圖帶出去，拿給華生看。

而且，克里克還有機會偷看富蘭克林提交的研究報告書。

可想而知，對為 DNA 結構絞盡腦汁的華生等人來說，富蘭克林的圖和報告書給了他們很重要的提示。

DNA 結構的確定

DNA 結構是 20 世紀生物學研究的核心。1953 年 4 月，綜合學術期刊《Nature》刊出一篇有關 DNA 結構、只有 2 頁的短論文。《Nature》刊載的論文來自各式各樣的學術領域，而且可信度相當高；作品能刊登在《Nature》，可說是研究者的光榮。

《Nature》當期共刊出 3 篇 DNA 研究的論文。除了那篇短論文外，還有 2 篇有關 DNA X 光繞射圖的論文，分別由威爾金斯與富蘭克林投稿。

富蘭克林在 1 年前（1952 年）拍攝到的 X 光繞射圖顯示 B 型 DNA 為雙股螺旋結構；雖然只有 B 型，但還是可以寫成雙股螺旋結構的論文投稿。不過，她認為 A 型與 B 型都必須經過 X 光繞射分析，才能闡明 DNA 的整體樣貌，所以她進一步對 DNA 結構更複雜的 A 型做 X 光繞射分析。

但 A 型 DNA 研究尚未完成，她就在 1958 年因癌症而英年早逝，年僅 37 歲。一般認為，她是因為實驗時連續大量暴露於 X 光下才會罹癌。

1962 年，華生、克里克及威爾金斯因為闡明 DNA 結構、發現 DNA 對生物體訊息傳遞的重要性而獲得諾貝爾獎。

原子論的源頭是古希臘哲學

人類原本以為，所有不可思議與無法理解的事都是神造成的。直到約西元前 6 世紀，人類才脫離神的束縛，自己以科學的方式思考自然界的起源與構成。

愛奧尼亞（Ionia）地區位於現今土耳其的愛琴海岸，因地處希臘與東方的國際貿易中心而繁榮興盛。在這個富裕、多民族交會的地方，「自然哲學家」順勢而生，「**萬物根源**」的討論就此開始。泰勒斯（Thales）主張「萬物源於水」，赫拉克利特（Herakleitos）認為火才是萬物本源。

德謨克利特（Democritus）則提出原子論（Atomism），即「物質是由不可分割的微小粒子組成」。他的原子論有一個必要條件，就是真空（Vacuum）。但當時多數科學家認為「自然厭惡真空」（Nature abhors a vacuum，即『真空不存在』之意），不同意德謨克利特的原子論。

之後有很長一段時間，人們相信萬物的根源為「土、水、空氣、

火」，即所謂「四元素論」。

原子結構的闡明與原子核的發現

1909 年，在英國物理學家兼化學家歐內斯特・拉塞福（Ernest Rutherford）的指導下，德國物理學家漢斯・蓋革（Johannes〔Hans〕Wilhelm Geiger）與英國物理學家歐內斯特・馬斯登（Ernest Marsden）進行實驗（即「蓋革－馬斯登實驗」〔Geiger-Marsden Experiment〕，又稱拉塞福散射實驗），終於確定了原子的結構。

該實驗是用 α 粒子（拉塞福於 1899 年發現的粒子。後來我們才知道，α 粒子其實是氦原子核，由 2 個質子和 2 個中子構成）高速轟擊金原子（實際上是金箔）。

結果，大部分 α 粒子穿過了金箔，但也有一部分 α 粒子反彈回來。

這表示金原子中心的小範圍區域有帶正電的物質。

正電荷之間會互相排斥，彼此距離愈近，排斥的力量愈強。原子核中帶正電的物質與散射的 α 粒子之間距離必須非常近，α 粒子才會朝原方向彈回。

計算了距離之後，發現在帶正電物質的尺寸約為原子大小的萬分之一時，α 粒子才可能朝原方向散射回來，這說明了實驗的結果。

　　原子的大小（直徑）約為 0.1 奈米（一百億分之一米），所以帶正電物質的尺寸約為一百兆分之一米。這個物質就叫做**原子核**，幾乎占了原子的所有**質量**。

　　至此終於真相大白——原子是由帶正電的原子核與外圍繞行的電子所構成。

α 粒子與拉塞福散射實驗

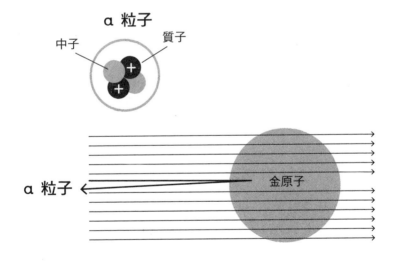

原子核能分解到什麼程度？

原子的結構弄清楚了。不過，原子核是不是無法再分解呢？

經過進一步研究，我們很快就知道，原子核還能再分解。

因為我們發現，某些種類的原子會藉由從原子核中放射出 α 粒子或電子而衰變，轉變為另一種原子核。

最輕的原子是氫（H）。

氫的原子核稱為**質子**，周圍有單一電子繞著質子運行。質子帶正電荷，電子帶負電荷。

第二輕的原子是氦（He）。

氦原子有 2 個電子環繞，所以，氦原子核帶有兩倍於質子的正電荷。

你或許會以為氦原子核是由 2 個質子構成，但經過測量，它有大約 4 個質子的重量。

順道一提，氧原子有 8 個電子，所以它的原子核含有 8 個質子，但它大約有 16 個質子的重量。

這到底是怎麼回事呢？

　　1932 年，由於**中子**的發現，這個謎終於解開了。中子質量與質子幾乎相同，但它是中性粒子，不帶電荷。

　　也就是說，除了氫（H）以外，所有原子的原子核都是由質子和中子構成。

　　例如，氦（He）的原子核是由 2 個質子和 2 個中子構成，氧（O）的原子核是由 8 個質子和 8 個中子構成。

　　也就是說，質子和中子結合後，重量為質子數的 2 倍。除了電荷以外，質子和中子性質相似，統稱為**核子**。

原子結構

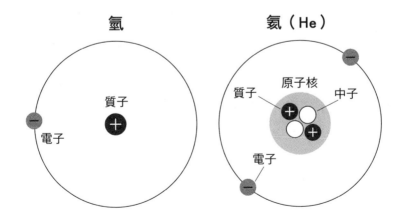

氫　　　　　　　　氦（He）

原子核

質子　　　　　　中子

質子

電子

電子

因為質子帶正電荷，原子核中的質子若有 2 個以上，應該會互相排斥而分散；但質子、中子間存在一種強度遠超過電磁力（Electromagnetic Force）的相互吸引力，使它們結合在一起，這種吸引力稱為**核力**（Nuclear Force）。

實際上，除了核力，原子核中還有其他作用力。某些種類的原子會透過放射出電子而衰變，轉變成另一種原子核，核力無法解釋這樣的變化，所以應該是其他作用力運作的結果。這種作用力引起的變化發生得比較慢，所以稱為**弱力**（Weak Force）。

也就是說，自然界有構成物質的粒子——核子（質子和中子）與電子，它們之間存在 3 種作用力：作用於電荷間的「電磁力」、作用於核子間的「核力」，以及使原子核衰變的「弱力」。

此外，還有作用於所有粒子間的「重力」。但是在微觀世界，跟以上 3 種作用力相比，重力顯得微乎其微，可以忽略不計。

但因地球質量龐大，重力在巨觀世界裡舉足輕重。質量愈大，重力的作用愈強，我們感受到的重力也愈強。但對質量小的微觀粒子來說，重力微不足道。

　　不過，「原子核可分解為質子與中子」這個簡單明瞭的世界圖像（Weltbild）只維持到 1950 年代。之後，因為粒子加速器（Particle Accelerator）的誕生，人們發現大量的新粒子，這個世界圖像很快就被否定了。

　　粒子加速器是一種將電子、質子等帶電粒子加速到接近光速，使其撞擊目標的裝置。科學家用粒子加速器進行實驗，陸續發現新粒子。

　　結果，科學家也發現，質子和中子並非無法進一步分解。

7

地球的誕生與結構

我們自出生以來，就在一個漂浮在宇宙間的球體上，這個球體叫做地球。地球為什麼能在宇宙中漂浮呢？

地球以外的星球有沒有類似人類的生物？

地球如何誕生？

除了地球，宇宙中還有哪些星球？

在學校的時候，大家應該都背誦過「水金地火木土天海（冥）」這個口訣吧？

這個口訣代表太陽系中圍繞太陽運行的 8 顆行星。依照與太陽的距離，由近而遠分別是水星、金星、地球、火星、木星、土星、天王星、海王星、（冥王星）。

2006 年，冥王星被排除在行星的定義之外，所以現在正確的口訣是「水金地火木土天海」。

太陽位於太陽系的中心，誕生於約 46 億年前。當時，宇宙中漂

浮著主成分為氫和氦的氣體，一開始是密度最高的氣體收縮，接著經過一連串過程，**太陽**就在中心部分誕生。初生的太陽稱為**原始太陽**（Primordial Sun）。

在原始太陽周圍，還有一些原始太陽形成時未使用的氣體，以及漂浮在宇宙中的塵埃。這些物質聚集在一起，形成圓盤狀物體，稱為**原行星盤**（Protoplanetary Disk），半徑為 100 天文單位（Astronomical Unit，AU，約為現在太陽與地球距離的 100 倍）。

原行星盤主要由氣體構成，所以 99％的質量是氫和氦。其餘的 1％包含微米尺寸的**固體微粒**，由氧、氮、鎂、矽、鐵等各種元素組成。

這些少數的固體微粒長期累積，就形成了地球。

固體微粒經過幾十萬年不斷地碰撞與黏合，形成直徑約數公里的微行星（Planetesimal）；這些微行星再反覆彼此碰撞，形成原行星（Protoplanet）。

原行星間又不斷發生巨大碰撞（稱為**大碰撞**〔Giant Impact〕），逐漸形成行星。

一般認為，地球是經過約 10 次大碰撞後形成的。形成初期，因為大碰撞的衝擊，地球表面被熔化的岩石（岩漿海〔Magma Ocean〕）覆蓋，整體處於熔融狀態。

之後，固體微粒中質量較大的鐵和鎳等沉入中心，質量較小的岩質材料上升到表面；幾億年後，分別形成**地核**（Core）與**地函**（Mantle），現在的地球於是成形。

地球的結構

我們已經知道地球如何誕生，現在來談談地球的結構吧！

地球是一個半徑約 6,350 公里的球體；從中心到半徑約 3,000 公里處為**地核**，主要由鐵和鎳等金屬構成；地核四周包圍著由岩石構成的**地函**。

地球的內部結構

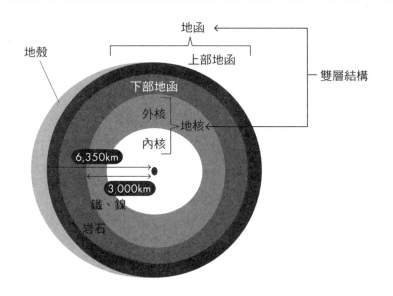

地函
地殼
上部地函
下部地函
雙層結構
外核
地核
內核
6,350km
3,000km
鐵、鎳
岩石

地球的最外層是**地殼**，陸地的地殼厚度約為 30-40 公里，海洋的地殼較薄，只有數公里。

地殼和地函的分界稱為莫氏不連續面（Mohorovičić Discontinuity，簡稱 Moho 面），發現者是克羅埃西亞的地震學家安德里亞·莫荷洛維奇（Andrija Mohorovičić），並以他的名字命名。

從莫荷洛維奇的研究可知，地殼和地函有兩個不同點：一是構成的岩石種類，另一是地震波傳播的速度。以下詳細說明。

1. 構成的岩石種類不同

地球由地核、地函及地殼構成。地核的成分是金屬，地函、地殼的成分則是岩石。不過，地核和地函還可進一步區分。

地核可再細分為**內核**（Inner Core）與**外核**（Outer Core）。靠近地球中心的是固態內核，靠近地函的是液態外核。

同樣地，地函也可再分為**下部地函**和**上部地函**。靠近地核的是下部地函，靠近地殼的是上部地函。

上部與下部地函的界線在距地表數百公里處，兩者的岩石晶體結構不同。

地殼由岩石組成。地殼與部分上部地函構成一層堅硬的板狀岩盤（厚度約 100 公里），稱為**板塊**。

2. 地震波速度不同

由於地函的密度比地殼高，地震波的傳播速度也比地殼快。

地震的振動是從震源開始，以波的形式向四面八方傳遞。這種波稱為地震波，分為 P 波與 S 波兩種。P 波到達時引起的小幅度振動稱為**初期微震**（Preliminary Tremors），隨後 S 波到達時引起的大振動稱為**主震**。

地殼的 P 波速度約為每秒 6-7 公里，S 波速度約為每秒 3.5 公里；在地函則兩者速度皆加快約 1 公里。

---

2 種地震波

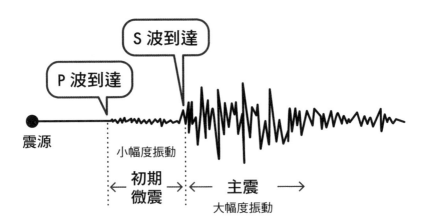

知道了地球誕生的經過與地球的結構，就能夠解釋「為何會發生地震」、「為什麼火山會噴火」等現象。

8

地球結構的研究
因地震而發展

地震不只日本有，全世界都有。

目前為止規模最大的地震，是 1960 年 5 月發生在南美的智利大地震。數十年後，科學家用地震矩規模計算出其震級為 9.5 級，這樣的能量大約是東北地方太平洋近海地震的 5 倍。

那次地震引發的海嘯甚至波及太平洋，經過整整一天的時間，海嘯才抵達距離約 17,000 公里之遙的日本。根據當時的報導，日本太平洋沿岸地區從北海道到沖繩，死亡、失蹤人數高達 142 人。

智利大地震雖然造成史上最大災害，但後來也為地球結構、地震發生機制等問題找到答案，使科學領域突飛猛進。

大陸漂移說不受認同

地震是由板塊運動引起的，但直到 1960 年代，世人才接受板塊存在與板塊移動的觀念。

這樣的觀念是以「**大陸漂移說**」（Continental Drift Theory）為基礎。

　　請看下面的世界地圖，你不覺得南美大陸東海岸和非洲大陸西海岸的海岸線根本一模一樣嗎？

　　1912 年，德國氣象學家阿爾弗雷德・韋格納（Alfred Lothar Wegener）調查美洲大陸東海岸與非洲大陸西海岸的海岸線，發現兩者不只形狀，連冰河沉積物、化石、地層都十分相似，海岸附近也有同品種的植物與動物。

　　根據各種間接證據，他在其著作《大陸與海洋的起源》（*Die Entstehung der Kontinente und Ozeane*）中提出「大陸漂移說」。他認為，古生代到中生代期間存在統一的大片陸地，後來這片陸地分裂並漂移，逐漸到達現在的位置。

世界地圖

不過，當時仍不清楚大陸移動的機制，所以大陸漂移說並未成為有力的學說。

從大陸漂移說的發展到海底擴張說的證明

數十年後，到了 1960 年代，大陸漂移說東山再起，研究也有所進展。不過，後來又發現海底存在巨大山脈（Mid-Oceanic Ridge，中洋脊），以及與中洋脊方向平行的地磁（Earth's Magnetic Field，指地球本身的磁性現象與地球形成的磁場）呈現條紋狀分布。在此背景下，美國海軍研究實驗室（United States Naval Research Laboratory，簡稱 NRL）的地質學家羅伯特・辛克萊・迪茨（Robert Sinclair Dietz）與普林斯頓大學的岩石學家哈里・哈蒙德・赫斯（Harry Hammond Hess）提出「**海底擴張說**」（Seafloor Spreading Theory），此學說也迅速發展起來。

請看 105 頁的圖。

因高溫而呈熔解狀態的岩石，從位於地球深層、溫度極高的岩漿中上升。然後，溫度逐漸下降，從中洋脊湧出後，熔岩冷卻凝固成岩石。此時，岩石中的鐵粒子沿磁場方向排列，岩石因此「記住」了地球磁場的方向。

此外，研究者在測定海底沉積物的年代時，發現距中洋脊愈遠，

地球的磁場方向被岩石記錄下來

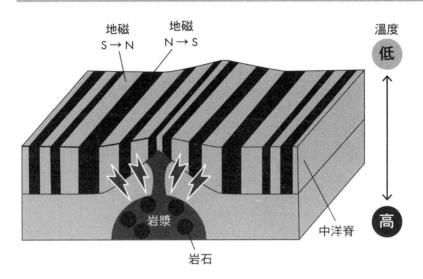

地磁
S→N

地磁
N→S

溫度

低

高

岩漿

岩石

中洋脊

沉積物的年代愈古老。也就是說，從中洋脊湧出後形成的岩石會離中洋脊愈來愈遠。

地球磁場的方向每隔幾十萬年會反轉一次。所以，只要調查岩石磁場的方向，就能推算其年代。

經由觀測證實，中洋脊湧出的岩漿凝固後形成新的地殼，並向兩側擴張，這證明了海底擴張說的正確性。

板塊構造學說證明了大陸漂移說

在調查地殼移動原因的過程中，海底擴張說興起；到了 1960 年代後半，有科學家提出**板塊構造學說**（Plate Tectonics）。

依據組成物質的不同，我們可將地球分為內部的地核、地函及地殼；但若以力學運動的差異來看，地球結構可劃分為岩石圈（Lithosphere）和軟流圈（Asthenosphere）。岩石圈位於地球最外部，從地表向下起算，厚度約 60-100 公里，是堅硬的岩盤；軟流圈位於岩石圈之下，是具流動性的岩石層。

軟流圈具流動性，表示它像黏土一樣，受到外力就會變形、流動。人類的生命週期約 100 年，在這樣的時間長度內，岩石會一直保持堅硬不變形，看不出有流動的跡象。但如果把時間拉長到 100 萬年或 1 億年來看，板塊下的地函其實一直在流動。

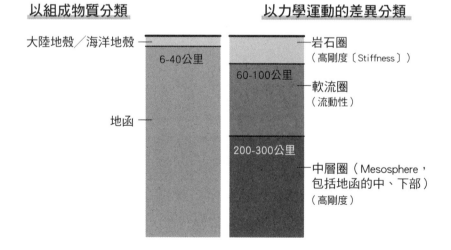

不同的分類方法標示地球內部性質的差異

以組成物質分類　　　　　　　　　以力學運動的差異分類

大陸地殼／海洋地殼　　　　　　　　　　　　　岩石圈
　　　　　　6-40公里　　　　　　　　　　　　（高剛度〔Stiffness〕）

　　　　　　　　　　　　60-100公里　　　　　軟流圈
　　　　　　　　　　　　　　　　　　　　　　（流動性）

地函

　　　　　　　　　　　200-300公里　　　　　中層圈（Mesosphere，
　　　　　　　　　　　　　　　　　　　　　　包括地函的中、下部）
　　　　　　　　　　　　　　　　　　　　　　（高剛度）

地函底部有來自地核的熱，不斷為地函加熱。因為熱量的流動，使地函中高溫的部分上升，冷卻的部分下降，這樣的運動稱為**地函對流**（Mantle Convection），是板塊運動形成的原因之一。

板塊構造學說證明了板塊的移動，也使大陸漂移說的正確性獲得認同。

另外，人們也因此大致理解了地震的發生機制，但仍無法預測地震，因為板塊運動的原因並未完全得到解答。

地函如何對流

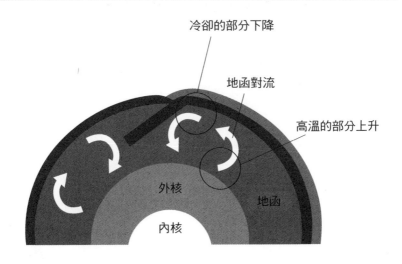

冷卻的部分下降

地函對流

高溫的部分上升

外核

地函

內核

相對論與愛因斯坦

你知道相對論（Theory of Relativity）不只有一種嗎？

愛因斯坦創立了兩種相對論，一種是 **狹義相對論**（Special Relativity），一種是 **廣義相對論**。

他先發表狹義相對論，但它有一個很大的缺點，就是無法處理重力的問題。為彌補這個缺點，他又提出廣義相對論。

創造相對論的愛因斯坦其實很懶散？

愛因斯坦是足以創造出相對論的天才，但大學時老師對他的評價不高。

因為他經常蹺課。

我想，對愛因斯坦這樣的天才來說，那些課可能很無聊吧！

　　愛因斯坦 21 歲時大學畢業，但或許是因為大學老師對他的低評價，他一直找不到工作。後來透過朋友父親的介紹，他才到伯恩（Bern）的瑞士智慧財產局上班。在此工作期間，他創立了狹義相對論。

　　創立狹義相對論後，他的名聲愈來愈響亮。30 歲時，他得到大學的教職。

　　據說，愛因斯坦向智慧財產局的上司表達辭意時，上司很擔心地問他：「你接下來有什麼打算？」他說要去大學教書，上司大驚，生氣地說：「你開玩笑也要有個限度！」可能是他懶散的形象在這裡也深植人心了吧！

閔考斯基與愛因斯坦

　　狹義相對論使用了四維時空的概念。後來德國數學家赫爾曼・閔考斯基（Hermann Minkowski）提出適用於狹義相對論的四維時空數學架構，創立了**四維時空**理論。

　　時空（Spacetime）是指時間與空間無法分開考慮，兩者應視為一個整體。四維時空是指擁有四個維度的時空（第 4 章會詳細討論）。

　　閔考斯基是愛因斯坦大學時的數學老師。狹義相對論在 1905 年發表時，閔考斯基還不知道創立者是愛因斯坦。據說他知道後相當驚訝地說：「是那個懶狗嗎！？」

這個故事十足表現出愛因斯坦在大學老師心中的形象。

一開始，愛因斯坦似乎並不喜歡四維時空的想法。他覺得數學家把問題想得太難了，根本沒必要這麼想。

但其實是他自己沒察覺到四維時空的真正價值。數學家閔考斯基的貢獻實際上非常偉大。

從狹義相對論到廣義相對論的創立，整整花了 10 年光陰。在這段過程中，愛因斯坦似乎才認識到四維時空的真正價值。

順道一提，愛因斯坦發表狹義相對論的 1905 年被稱為愛因斯坦奇蹟年（Annus Mirabilis of Albert Einstein）。

因為除了狹義相對論，愛因斯坦在同一年還發表了光電效應（Photoelectric Effect，有關光粒子說的研究，後來發展成量子力學）與布朗運動（Brownian Motion）的研究（詳見 223 頁）。

這三項研究的任一項都有資格獲得諾貝爾獎，愛因斯坦也確實在 1921 年因光電效應的研究獲頒諾貝爾獎。

閔考斯基

10

支配微觀世界的量子力學

　　《蟻人》（*Ant Man*）是日本最受歡迎的漫威電影之一。蟻人是個英雄人物，身高僅 1.5 公分，身穿特殊的套裝。雖然體型迷你，但他的攻擊威猛有力，迅如閃電。

　　而且因為不容易被看到，對敵人來說，他非常難對付。蟻人能夠把物體變大或變小，所以他也能把自己縮小，進入第 1 章所說的元素、原子的微觀世界。

什麼是「量子力學」？

　　氧原子（O）的原子核是由 8 個質子和 8 個中子組成，原子核周圍有 8 個電子繞轉。

　　電子在原子核四周繞轉的運動是由「**量子力學**」的規律支配。

　　不只電子，原子核內質子、中子的運動也是由量子力學支配。亦即，量子力學可說是支配微觀世界的法則。

相對於微觀世界，我們實際經驗的世界稱為巨觀世界。這兩個世界的界線不明確，是個很大的問題。不過這個主題有點難度，我們到第 4 章再詳細討論吧！

量子力學確立之前，人們已經知道「原子吸收與放出光，但每種原子只吸收與放出特定波長的光」。

例如，氫原子（H）吸收與放出在人眼可見光區、波長為 410、434、486、656 奈米的光。

因為這樣的現象，人們產生了一些疑問：

「原子究竟為什麼能夠存在？」

「為什麼會有只吸收（放出）不連續光的原子？」

量子力學就是為了解答這些問題而產生的。

1913 年，丹麥的理論物理學家尼爾斯・波耳（Niels Henrik David Bohr）提出原子模型（Bohr's Model，**波耳模型**）。現在我們都知道「電子具有波的性質」，但當時波耳並未提到這一點。不過，他憑著天才的直覺，為電子加入特定條件（Bohr Conditions，波耳條件）。

1924 年，法國的理論物理學家路易・德布羅意（Louis Victor de Broglie）指出「電子具有波的性質」。他闡明波耳條件的意義：電子波在原子核周圍環繞一周（成為原子核圓周周長的整數倍）後，就能順暢地銜接起來。這就是**德布羅意的物質波**（Material

Wave）。

　　波耳因闡明原子結構，德布羅意因發現電子特徵，兩人分別在
1922 年、1929 年獲得諾貝爾物理學獎。

波耳的原子模型與德布羅意的物質波

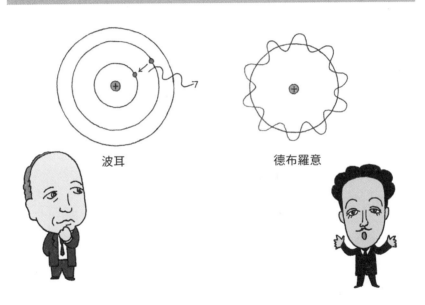

波耳　　　　　　　　　　德布羅意

11

質數的魅力

前文提過，密碼學運用質數來維護資訊安全；而許多科學家是因為受到質數的魅力吸引，才會投入研究。

質數研究始於希臘時代

質數研究是從古希臘數學家兼天文學家歐幾里得（Euclid）開始的。

西元前 3 世紀，歐幾里得在其著作《幾何原本》（*Elements*）中，證明了**質數有無限多個**。

大約同一時期，希臘哲學家、埃及亞歷山卓（Alexandria）圖書館館長埃拉托斯特尼（Eratosthenes）發現了找出質數的方法。

這個方法稱為「**埃拉托斯特尼篩法**」（Sieve of Eratosthenes）。比如說，要從 1-100 中找出質數，就要把第一個質數（這個例子中是 2）的倍數剔除掉，剩下的最小的數（這個例子中是 3）就是質數。然後再把 3 的倍數剔除掉……，這樣重複計算，直到足夠為止。

埃拉托斯特尼篩法

2 的倍數

1　2　3　X̷　5　X̷　7 ⋯⋯ 9̷6̷　97　9̷8̷　99　1̷0̷0̷
　　↑
　最小的質數

3 的倍數

1　3　5　7　X̷　11　13　1̷5̷　17　19 ⋯⋯ 97　9̷9̷
　　↑
　最小的質數

5 的倍數

1　5　7　11　13　17　19　22　23　2̷5̷ ⋯⋯ 9̷5̷　97
　　↑
　最小的質數
⋯⋯

爲質數著迷的科學家

　　從歐幾里得的證明，我們知道了質數有無限多個。但關於質數的問題還有很多，例如：「質數依照什麼樣的規律出現？」「質數是否只是隨機出現，並無規律可循？」「有找出質數的方法嗎？」等等，許多數學家仍持續努力研究。

　　梅森數（Mersenne Number）就是數學家致力研究的問題之一。在《幾何原本》中，它就是可寫成「$2^n - 1$」的數（n 為正整數），

後來才被命名為梅森數。

例如，當 n 為 1、2、3、4、5，梅森數則分別為 1、3、7、15、31。也就是說，當 $2^n - 1$ 為質數，n 也是質數。不過，並不表示「當 n 為質數，$2^n - 1$ 也是質數」。

1644 年，法國神學家馬蘭・梅森（Marin Mersenne）猜想，n ＝ 2、3、5、7、13、17、19、31、67、127、257 時，$2^n - 1$ 就會是質數。

因此典故，$2^n - 1$ 被命名為梅森數；若梅森數為質數，便稱為**梅森質數**（Mersenne Prime）。不過，他在證明完成之前就去世了。

梅森雖是神學家，但他的研究領域寬廣，包括數學、物理學、哲學、音樂等。法國數學家費馬（Pierre de Fermat）、法國哲學家兼數學家笛卡兒（René Descartes）都是他的朋友。應該是因為跟費馬的討論引起他對質數的興趣，所以才會有梅森質數的想法出現吧！

梅森的猜想經過 100 多年後，到了 1722 年，數學史上最偉大的天才之一——歐拉（Leonhard Euler）才證明了 n ＝ 31 時，梅森數是質數。

後來，陸續有數學家證明了 n ＝ 67 時梅森數不是質數、n ＝ 127 時是質數、n ＝ 61、89、107 時也是質數。到了 1922 年，才總算確定了 n ＝ 257 時不是質數。

質數的發現

梅森的猜想

n = 2、3、5、7、13、17、19、31、67、127、257 時，
$2^n - 1$ 是質數

1722 年歐拉證明
n = 31 時，$2^n - 1$ 是質數

其後的證明
n = 67 時，$2^n - 1$ 不是質數
n = 127 時，$2^n - 1$ 是質數
n = 61、89、107 時，$2^n - 1$ 是質數

1922 年
n = 257 時，$2^n - 1$ 不是質數

2021 年
已找出的梅森質數有 51 個（n = 82589933）

歐拉

梅森的猜想有一部分已證實是錯的，但直到現在，我們仍用梅森數來尋找質數。到 2021 年為止，已找到 51 個梅森質數（n ＝ 82589933）。但梅森質數是不是有無限多個？至今仍然無解。

不過，許多科學家對質數非常著迷，持續研究，期待能解開這個謎。

關於質數，還有很多未解的謎團，黎曼猜想（Riemann Hypothesis）就是其中之一，我們會在第 4 章討論。

黎曼

12

數學與音樂

你聽說過嗎？很多數學家和物理學家都喜歡音樂。

據說天才物理學家愛因斯坦熱愛小提琴。其實，數學、物理學及音樂有密不可分的關係。

2021 年 QS 世界大學排名（英國 Quacquarelli Symonds 公司發表的年度大學排行榜）第一的麻省理工學院（Massachusetts Institute of Technology，MIT），是出了許多諾貝爾獎得主的知名學校，但也設立了乍看之下與科學不相干的音樂科系。

小提琴與調和級數

調和級數（Harmonic Series）與愛因斯坦所熱愛的小提琴有關。

所謂調和級數，就是 $1 + \dfrac{1}{2} + \dfrac{1}{3} + \dfrac{1}{4} + \dfrac{1}{5} + \cdots\cdots$，一直加下去。雖然所加的數字愈來愈小（1 的下一項是 $\dfrac{1}{2}$，$\dfrac{1}{2}$ 的下一項是 $\dfrac{1}{3}$……），但結果是無限大。

如果累加比前項小的數字，例如 1 + 0.1 + 0.11 + 0.111 +……，
總和通常不可能是太大的數字。

但調和級數所加的數字雖愈來愈小，總和卻是無限大。

許多數學家試圖證明調和級數會趨於無限大，但直到 17 世紀初，皮耶特羅‧曼戈里（Pietro Mengoli）、約翰‧伯努利（Johann Bernoulli）、雅各布‧伯努利（Jakob I. Bernoulli）才提出正確的證明。

研究者對調和級數的興趣原本在於它和音樂理論的關係。小提琴等弦樂器琴弦振動所發出的泛音（Harmonics）波長，依次是該琴弦基本波長的 $\frac{1}{2}$、$\frac{1}{3}$、$\frac{1}{4}$……，調和級數便是因此而受到注意。

例如 La 音是 440 赫茲，高一個八度的 La 音就是 880 赫茲。而在小提琴中，同一個音高一個八度，頻率就會加倍，也就是會形成泛音。

我們在第 1 章提過，頻率就是每秒起伏的次數（請見 17 頁），亦即在一定的時間內出現幾次波動。所以，440 赫茲就表示在一秒間出現 440 次波動。

小提琴的泛音

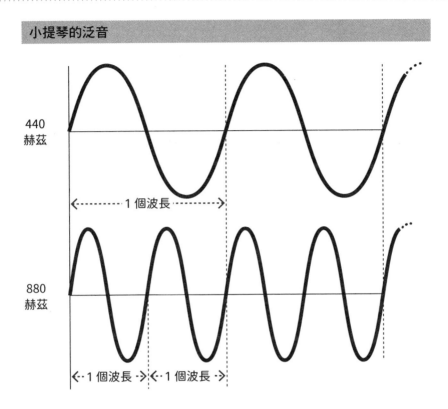

440
赫茲

←------ 1 個波長 ------→

880
赫茲

←-- 1 個波長 --→←-- 1 個波長 --→

同樣地，880 赫茲就表示在一秒間出現 880 次波動，波數是 440
赫茲的 2 倍。

順道一提，調和級數的英語是 Harmonic Series，泛音的英語是
Harmonic Sound。從名稱就能感覺到這個主題帶有濃厚的音樂色彩。

第 2 章介紹的偉大科學家的研究成果，為我們生活帶來的好處俯拾即是。

　　科學家因為個人的興趣與關懷，在好奇心的驅使下投入研究，而有了新發現。他們的發現是否有用，依時代而有不同的看法。所以，當然有可能在發現之初被認為毫無用處，卻在幾百年後大放異彩；電磁波就是一個典型的例子。

　　過去科學家發現的理論、現象與技術也是如此。幾百年前被棄如敝屣的科學，現在卻變得不可或缺。

Chapter 3

日常的科學原理與
不可思議的科學

1

日常生活中不可或缺的 電化產品

從某種意義來說，科學是一種思考方式，但它也豐富了我們的生活。

例如，前文提過，電磁波運用於各種家庭用品，除了智慧型手機，還有微波爐、IH 調理器（電磁爐）等。

尤其是微波爐，如果我們沒有電磁波的知識，或不知道物質是由原子、分子等構成，微波爐就不會產生。

微波爐加熱食物的原理

食品中含有水分。

水是水分子（H_2O）的集合。水分子由 1 個氧原子（O）和 2 個氫原子（H）結合而成，整個分子都不帶電荷。

但從細部來看，氧原子略帶負電，氫原子略帶正電。當無線電波照射，對正電荷與負電荷產生力的作用，水分子就會振動。

微波爐使用的無線電波頻率約為 2.4 千兆赫（Gigahertz，簡稱 GHZ。1 千兆赫＝ 10 億赫茲）。

也就是說，電場和磁場在 1 秒內發生 24 億次強弱交替的振動。

無線電波使食品中所有的水分子 1 秒內振動 24 億次，就是食物變熱的原因。

用電磁爐燒開水

隨著最近全電化的發展，使用電磁爐的人應該也不少吧！

為什麼電磁爐的本體（除了中央的圓圈部分）不熱，但在電磁爐上放一鍋水，水卻會沸騰呢？ 100 年前的人應該會覺得這一定是魔法吧！這個魔法就是第 2 章所說的電磁感應（請見 71 頁）。

IH 調理器（電磁爐）的 IH 是 Induction Heating 的縮寫，即「電磁感應加熱」之意。

電磁爐的圓形玻璃盤下裝置了銅線線圈，當交流電（Alternating Current，簡稱 AC，指方向發生週期性變化的電流。日本東部每秒改變方向 50 次，西部則每秒改變方向 60 次 ）通過該處，銅線周圍就會產生不斷變化的磁場。當變化磁場通過放在玻璃盤上的金屬鍋底，鍋底就會產生漩渦狀的感應電流（因電磁感應而產生的電流）。

為了使電磁爐成為實用的烹調工具，需要有強大的火力讓水沸騰，所以必須在鍋底製造強大的感應電流。因此，必須有振動速度極快的強力磁場，以及 1 秒至少振動 2 萬次的交流電。

但是，傳送到一般家庭的交流電遠遠不足，只有 50 或 60 赫茲（1 秒振動 50-60 次）。

1970 年代前，可將 50 或 60 赫茲的交流電轉換為更高振動頻率的設備（變流器）尚未問世，所以電磁爐既大又重，且價格昂貴。

1980 年以後，隨著技術發展，人們開發出變流器。很快地，電磁爐變得更輕薄短小、更便宜，家庭普及率也愈來愈高。

2

火星上的夕陽是什麼顏色？

提起夕陽西下時的天空，我們馬上會想到一片紅。

那麼，你覺得火星日落時的天空會是什麼顏色？

2012 年起，美國國家航空暨太空總署（NASA）的好奇號（Curiosity）火星探測器就持續探測火星，迄今已傳回許多火星圖片與影像，包括火星上的黃昏景色。

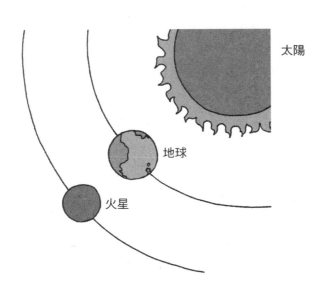

火星與太陽的距離大約是地球與太陽距離的 1.5 倍，所以從火星上看到的太陽，只有從地球看到的三分之二大小，而太陽所反射的天空是藍色的。

為什麼火星的日暮是藍色呢？

地球白天的天空爲什麼是藍色？

當太陽光碰到微粒（Corpuscle），就會偏離原方向，向四面八方散開，這種現象稱為「**光的散射**（Scattering of light）」。

地球的大氣層除了空氣分子，還有塵埃、雲滴（Cloud droplet，無數小水滴和冰晶等物質）等各種微粒。空氣分子的大小約為 1 奈米（十億分之一米）。

可見光的波長約為 380-780 奈米。紅光波長約 700-780 奈米，藍光波長約 460-500 奈米，紫光波長約 380-430 奈米。

陽光進入大氣層後，會因遇到空氣分子（尺寸為可見光波長的數百分之一以下）而被散射。此時，光的波長愈接近空氣分子的尺寸，愈容易發生散射：亦即波長愈短的光（紫光、藍光），被散射得愈多。

此外，空氣分子在紫外光區（波長在 380 奈米以下）的散射強度特別高。

也就是說，當太陽光穿過地球的大氣層，可見光中波長最短的

紫光散射效率最高。

　　紫色的光被散射後，擴散到天空，所以它會從四面八方到達你的眼睛。

　　不過，太陽光中的紫光並不強，再加上人眼對紫光的敏感度低（紫光波長約 380-430 奈米，接近紫外光區），所以被散射的光中，人眼感受到最多的就是波長次短的靛藍和藍色。

　　所以，我們看到的天空是藍色的。

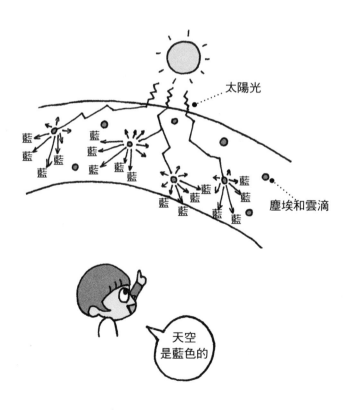

太陽光

塵埃和雲滴

天空
是藍色的

在抵達我們的眼睛前，光是四散的嗎？

　　清晨和黃昏時，太陽看起來像是在地平線附近。這個時候，陽光必須穿過較厚的大氣層才能到達地面。

　　前文提過，太陽光通過地球的大氣層時，可見光中波長最短的紫光散射效率最高。但陽光穿過大氣層的路徑較長時，在抵達我們的眼睛前，不僅紫光，連靛藍光、藍光也幾乎被散射殆盡（即**瑞利散射**，Rayleigh Scattering），到達我們眼中的多半是紅光。而紅光也會受空氣分子一定程度的散射，所以太陽周圍才會呈現紅色。

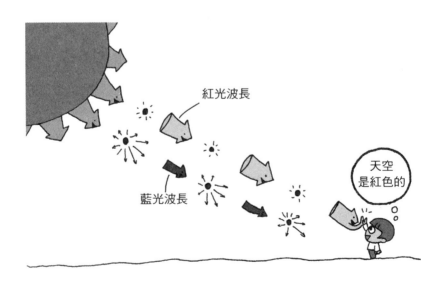

紅光波長

藍光波長

天空是紅色的

火星和地球相似但不同

火星和地球都有大氣層。或許你會以為這兩個星球是一樣的，但實際上它們截然不同。

首先，火星的大氣層非常稀薄，光線會因為遇到地面揚起的小塵埃而發生散射。

光有一種特性，就是碰上跟光的波長尺寸相當的粒子時，會產生強烈散射；而火星上細小塵埃的尺寸大約等於紅光的波長。

所以，火星上被散射的光多數是紅光，以致白天天空呈現紅色。看到這裡，你應該可以知道火星日落的顏色了吧！

火星上日出與日落的顏色與地球恰恰相反。

火星的傍晚，陽光穿過大氣層的路徑較長，紅光都被散射掉了，到達我們眼中的多半是較不易散射的藍光。

所以，火星黃昏的天空是藍色的。

爲什麼雲是白色的？

前面提到火星的日落是藍色，而雲之所以呈現白色，也是因為光的散射作用。

雲由雲滴構成，陽光經過雲滴時發生**米氏散射**（Mie Scattering），導致雲呈現白色。

雲滴的半徑約為 0.001-0.01 公釐（1,000-10,000 奈米），大約是可見光波長（約 380-780 奈米）的 2-3 倍。

對所有波長的光，米氏散射的散射強度都一樣。也就是説，雲均勻散射了所有不同顏色的光，使它呈現白色。

另外，人類與動物辨識顏色的方式不同。例如，蜜蜂看得見人眼感測不到的紫外線波長，但看不見紅光的波長。

也就是説，蜜蜂對紫光的敏感度比人類高，所以牠們眼中的天空是紫色的；但牠們對紅光的敏感度比較低，所以看到的日落是黃色的。

3

人臉辨識系統
是如何運作的？

「人臉辨識系統」現在已十分普及，它能根據鏡頭前的「臉」確認是否為本人，常用於建築物的出入與手機解鎖。

不過，它也被指出各種缺點，例如雙胞胎臉部認證的精確度低落。

現在我們來談談臉部辨識的運作機制。

鏡頭照到臉即可解鎖的原理

人臉辨識運用的是第 2 章所說的深度學習技術（請見 77 頁）。

首先，讓電腦記憶大量的臉部圖像，並透過深度學習技術，學習多數人各種共通的臉部模式，例如量化眼、鼻、口的相對位置。

然後，讓電腦記住特定人物的臉部，將其臉部的特徵量化。

接著，對需要臉部認證的圖像（或影像）進行以下三個步驟：

1. 臉部檢測

2. 建立臉部特徵的量化資料

3. 臉部比對

以下詳細說明這 3 個步驟。

1. 臉部檢測

即找出圖像中臉的部分。將圖像分割為多個特定大小的區域，每一區就成為顏色與亮度的訊號。

將之前學習到的訊號模式（如眼周有睫毛、眼鼻的位置關係）與分割後圖像的訊號模式加以比較，以識別出人的臉部。

2. 建立臉部特徵的量化資料

進一步細分圖像中人臉的各部位，將臉部特徵（眼睛、鼻子、嘴巴、眉毛、耳朵等）的相對位置量化。

3. 臉部比對

比較圖像中臉部的量化資料與之前量化的特定人臉資料，就能判斷與該特定人物的相符百分比。人臉辨識系統的精確度取決於比對符合率。

如果圖像中人臉數量很多，將它們全部進行檢測、量化特徵並加以比對，是相當費力的作業。不過，因為電腦運算速度很快，這些作業可以在瞬間完成。

1. 臉部檢測

2. 建立臉部特徵的量化資料

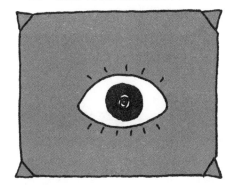

3. 臉部比對

4

遺傳學從豌豆開始

遺傳學之父孟德爾從豌豆雜交實驗中發現 3 項簡單的定律：

1. **分離律**（Law of Segregation）
2. **顯性律**（Law of Dominance）
3. **獨立分配律**（Law of Independent Assortment）

親傳子、子傳孫的遺傳法則

一開始，孟德爾注意到豌豆有高莖、低莖兩種。他花了幾年將高莖與高莖、低莖與低莖交配，持續觀察。

結果，親代皆為高莖時，子代也都是高莖；親代皆為低莖時，子代也都是低莖。

然後，他將高莖豌豆（親代）與低莖豌豆（親代）雜交。結果，子代（第一子代）都是高莖。

依據豌豆雜交實驗的結果，孟德爾認為「控制某種遺傳特徵的基因中，有的支配力較強，有的支配力較弱」，較強者稱為**顯性**，較弱者稱為**隱性**。

遺傳學中，經由遺傳而傳遞的特徵稱為**性狀**（Character）。

再下一步，孟德爾將第一子代的高莖豌豆互相交配，結果，孫代（第二子代）高莖與低莖的比例約為 3：1。

1. 分離律

高莖、低莖的性狀是由名為「基因」的物質所控制，而親代會各將一個基因以相同的機率傳到子代，這就是「**分離律**」。

假設高莖基因為「X」，低莖基因為「x」，按理說，子代豌豆的基因應該是「Xx」或「xX」。

孟德爾花了幾年時間，將豌豆分為高莖組與低莖組，相當於分成「只帶 XX 基因」組與「只帶 xx 基因」組。

高莖豌豆（親代）與低莖豌豆（親代）雜交，也就是只帶 XX 基因與只帶 xx 基因的兩種豌豆（親代）雜交，子代就會從 XX 處得到「X」，從 xx 處得到「x」，會有兩種組合（Xx 與 xX），都是 X 加 x 的基因組合。

不過，子代無論是哪種組合，都是高莖；因為這兩種基因有強弱之分。

2. 顯性律

能表現出性狀者稱為**顯性基因**，不能表現出性狀者稱為**隱性基因**。如果親代是「XX」和「xx」，子代就會帶有「Xx」或「xX」的基因；不過，能表現出性狀者只有顯性基因「X」。

這就是「**顯性律**」。

孟德爾的實驗中，孫代的高莖與低莖比為 3：1，是因為所有子代都有 X 與 x 的基因。

依據分離律，產生的孫代可能帶有 XX、Xx、xX、xx 這 4 種基因。其中，含／不含顯性基因「X」的比例為 3：1，就能解釋這個結果。

孟德爾法則

親代　高莖豌豆　　✕　高莖豌豆　　XX

子代　高莖豌豆

XX

親代　低莖豌豆　　✕　低莖豌豆　　xx

子代　低莖豌豆

xx

親代　高莖豌豆　　✕　低莖豌豆　　XX

子代　高莖豌豆（2）

Xx　　xX

低莖豌豆（1）

孫代　高莖豌豆（3）

XX　　Xx　　xX　　　xx

3. 獨立分配律

除了高矮之外，豌豆還有其他性狀。「**獨立分配律**」指每種性狀都是獨立遺傳，不會互相影響。

豌豆有好幾種性狀，例如顏色可分為綠色或黃色，形狀可分為圓形或皺褶等等。

獨立分配律指出，不同性狀之間沒有任何關聯。例如，沒有「高莖豌豆必然是黃色」這回事——高莖豌豆可能是黃色，也可能是綠色，低莖豌豆亦然。

孟德爾以多年的豌豆研究揭露遺傳的機制，開啟了對基因本質與結構的研究。

5

我們的身體由基因構成

孟德爾之後，遺傳研究的主題逐漸轉向「基因的本質是什麼」，但這個答案沒那麼容易解開。

眾多研究中，最引人注目的應該是英國醫師弗雷德里克·格里菲斯（Frederick Griffith）的基因操作（Genetic Manipulation）實驗。這是世界首次的基因操作實驗。

基因操作指對生物體的基因進行人為操作，例如將某種生物的某個基因運送到另一生物的細胞中。

基因操作實驗

1928 年，格里菲斯嘗試研發疫苗，以抑制西班牙流感引起的肺炎。

他進行實驗，將兩種肺炎菌株注射到小白鼠體內。

兩種菌株中，一種是 S 型菌，具有病原性（Pathogenicity），會使小白鼠感染肺炎而死；另一種是不具病原性的 R 型菌。他以高溫殺死 S 型菌，使它失去病原性，即使感染也不會致命。

實驗過程中，格里菲斯讓小白鼠感染 R 型菌與殺死的 S 型菌。

這兩種菌株在分開注射時，小白鼠並未感染肺炎；但將兩者混合後再注射，卻使小白鼠出現肺炎症狀，進而死亡。

他將死去的老鼠解剖，在血液中發現了 S 型菌與 R 型菌。

格里菲斯讓老鼠感染的是「活的 R 型菌」與「死的 S 型菌」，但他卻在老鼠體內發現活的 S 型菌。

根據這項實驗結果，格里菲斯認為，即使經過殺菌，病原性已喪失，但帶有病原性性狀的基因不但未受到破壞，還混入不具病原性的菌株（在此指 R 型菌）中，改變其性質，這種現象稱為**性狀轉變**（Transformation）。

不過，他當時還不確定攜帶該性狀的基因是什麼。

格里菲斯去世後，許多科學家繼續實驗，試圖驗證他對基因操作的推論，其中最有名的就是 1940 年的「埃弗里－麥克勞德－麥卡蒂實驗」（Avery-Macleod-Mccarty Experiment）。

格里菲斯的基因操作實驗

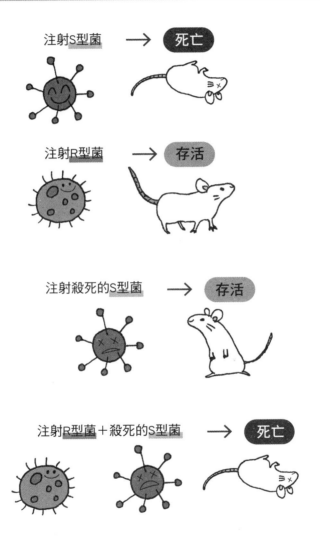

注射S型菌 → 死亡

注射R型菌 → 存活

注射殺死的S型菌 → 存活

注射R型菌＋殺死的S型菌 → 死亡

這是美國醫師兼醫學研究者奧斯華‧艾佛瑞（Oswald Avery）在紐約洛克斐勒醫學研究所主持的實驗。研究團隊依序去除無病原性細菌中的各種物質，檢驗該細菌是否會發生性狀轉變。

實驗結果確認，控制生物性狀的基因訊息是由 DNA 攜帶。

順道一提，日本第一個肖像被印在紙幣上的科學家野口英世，1904-1928 年也在洛克斐勒醫學研究所任職。該研究所於 1965 年改名為洛克斐勒大學，現在是世界知名的頂尖大學，2020 年為止，共出了 26 位獲頒諾貝爾獎的科學家。

形成胺基酸的 4 種鹼基

第 2 章提到，自 1869 年米歇爾發現核酸（DNA）以來，對於 DNA 結構的研究，學術界的競爭相當激烈。

這些競爭並沒有白費，DNA 結構最終獲得闡明，生命機制之謎也逐漸得到解答。

DNA 與 RNA 的結構

DNA 的中文名稱是去氧核糖核酸（Deoxyribonucleic Acid，縮寫為 DNA），源自名為去氧核糖（Deoxyribose）的「糖分子」。

核糖（Ribose）指由 5 個碳原子構成的有機化合物（Organic Compound，指含碳化合物）。

去氧（Deoxy）指去除（de）1 個氧原子（Oxygen）。

名稱末尾是核酸，因為 DNA 是細胞核內的物質。

去氧核糖接上磷酸與 4 種鹼基，構成**核苷酸**。核苷酸透過磷酸彼此連接，形成單側突起（鹼基）的核苷酸鏈。

去氧核糖核酸中，連接去氧核糖各個碳原子的磷酸是固定的，使核苷酸鏈具有向上或向下的方向性。

核苷酸鏈的突起（鹼基）與另一條核苷酸鏈的突起互相連接，但此時腺嘌呤（A）只能連接胸腺嘧啶（T），鳥嘌呤（G）只能連接胞嘧啶（C）。

另外，因為兩條核苷酸鏈的方向恰恰相反，使 DNA 的結構呈現階梯狀，成對的鹼基（鹼基對）相當於階梯的踏板。

DNA 的基本結構

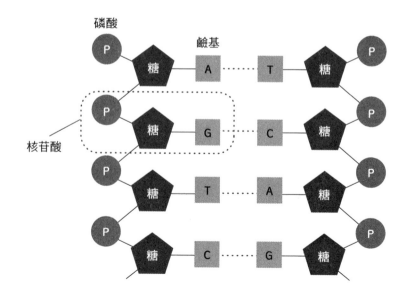

鹼基對的兩個鹼基距離 0.35 奈米，形成階梯結構的兩條核苷酸鏈距離 2 奈米。

兩條核苷酸鏈以右螺旋方式交互纏繞，每個螺距內包含 10 個鹼基對。

這就是 DNA 的「**雙螺旋結構**」。

除了 DNA，RNA（Ribonucleic Acid，核糖核酸）也是由核苷酸鏈連接而成。

DNA 攜帶基因訊息，遺傳資訊會半永久保存。RNA 能在遺傳過程中轉錄（Transcription）DNA，遺傳資訊只會暫時保存（轉錄的詳細討論請見 152 頁）。

RNA 與 DNA 的結構幾乎相同，只有兩項區別。

其一是 DNA 的成分為去氧核糖，RNA 的成分為核糖；另一是 RNA 的鹼基為腺嘌呤（A）、鳥嘌呤（G）、胞嘧啶（C）、**尿嘧啶（Uracil，U）**，結構為單鏈。

DNA 與 RNA 作用雖完全不同，結構卻只有兩個差異。

胺基酸的訊息由 4 種鹼基構成

人體不可缺少蛋白質，而胺基酸是蛋白質的基本單位，人體所需胺基酸共有 20 種。

DNA 只有腺嘌呤（A）、鳥嘌呤（G）、胸腺嘧啶（T）、胞嘧啶（C）4 種鹼基，它們構成了生物的遺傳訊息。

也就是說，如果 1 個鹼基攜帶 1 種胺基酸的訊息，就只能形成 4 種胺基酸；如果 2 個鹼基攜帶 1 種胺基酸訊息，也只能形成 16 種胺基酸（4×4），還是不到 20 種。

由此可知，應該是 3 個鹼基攜帶 1 種胺基酸訊息，這樣的話，鹼基的組合會比較多。3 個鹼基的組合稱為密碼子（Codon）。

3 個鹼基構成密碼子，而每個鹼基各有 4 種選擇，所以總共有 4×4×4 ＝ 64 種組合。但構成蛋白質的胺基酸只有 20 種，這表示有複數個密碼子同時對應一種胺基酸（其實有些密碼子並不對應胺基酸，我們會在 154 頁說明這些密碼子的作用）。

因為 DNA 研究的進步，我們已經知道 DNA 與 RNA 的結構。生物如何產生、遺傳訊息如何傳遞等有關生命機制的問題，也因此逐漸明朗化。

DNA 的 4 種鹼基與密碼子

4種鹼基及其組合

- 腺嘌呤（A）
- 鳥嘌呤（G）
- 胸腺嘧啶（T）
- 胞嘧啶（C）

腺嘌呤（A）只能和胸腺嘧啶
（T）結合
鳥嘌呤（G）只能和胞嘧啶
（C）結合

密碼子

3個鹼基的組合

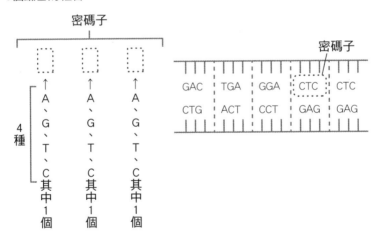

7

遺傳只有兩個步驟

父母、子女如果外貌或性格相似，大家往往會說：「果然是父子！」或「這就是遺傳吧！」但其實遺傳只有以下兩道程序：

1. **轉錄**
2. **轉譯**（Translation）

首先，記錄在 DNA 中的遺傳訊息被讀取，並轉移到 RNA（轉錄）。然後，RNA 的訊息也被讀取，進一步製造成蛋白質（轉譯）。從某種意義來說，DNA 就像是「蛋白質的設計圖」。

以下詳細說明這兩道程序。

- -
1. 轉錄
- -

即細胞核中的 DNA 訊息轉移到 RNA。

兩條鹼基 DNA 鏈上都有特殊的鹼基序列，稱為啟動子（Promoter），名為 **RNA 聚合酶**（RNA Polymerase）的蛋白質會將它辨識出來，

與它結合。

細胞核內有許多核苷酸，RNA 聚合酶會將核苷酸逐一添加到 RNA 上，並解開 DNA 雙螺旋，依照 DNA 鹼基序列的規則（腺嘌呤〔A〕和尿嘧啶〔U〕配對），將 DNA 的訊息轉移至 RNA。這就是**轉錄**的過程。

但光是轉錄，仍無法完成 RNA 的生成。

從 DNA 轉錄訊息後，RNA 上還有一些無法用來設計蛋白質的區域。必須剪除這些部分，並以各種方式組合含胺基酸訊息的區域。完成這些步驟後，成熟的 RNA 會被送出細胞核。

此時的 RNA 已離開 RNA 聚合酶，將遺傳訊息送往細胞核外，所以稱為**信使 RNA（mRNA**〔Messenger RNA〕）。

成熟的 mRNA 末端有標記，表示它已完成轉譯前的所有步驟。

2. 轉譯

mRNA 離開細胞核後，頭尾會拼接起來，形成環狀。

細胞核外有葫蘆形的組織，稱為**核糖體**（Ribosome，由一大一小兩個次單元結合形成），它是由數條約 20 奈米的 RNA 鏈與 50 種蛋白質組成。

首先，小次單元和 mRNA 結合，讀取 mRNA 密碼子的訊息，mRNA 密碼子序列對應胺基酸序列。

密碼子中有**起始密碼子**（Start Codon）與**終止密碼子**（Stop Codon），分別表示轉譯的開始與終止。

密碼子總共有 64 種，起始密碼子為（AUG），終止密碼子為（UAA）、（UAG）及（UGA）。

當核糖體的小次單元到達起始密碼子的位置，大次單元才會與它結合，形成完整的核糖體。

細胞核外有許多轉運 RNA（**tRNA**〔Transfer RNA〕），它攜帶了與特定胺基酸結合的密碼子（3 個鹼基的組合）。核糖體的小次單元與 mRNA 結合之後，再與 tRNA 結合（該 tRNA 攜帶的反密碼子與 mRNA 的密碼子互補配對）。

核糖體的大次單元將胺基酸序列結合在一起，依照設計來製造蛋白質。一開始就在核糖體中的 RNA（**rRNA**）這時扮演酵素的角色，幫助蛋白質的合成。

用這樣的方式，核糖體在開始讀取 mRNA 的訊息之後，平均約 20-60 秒就能製造出一個蛋白質。

每個小分子帶著目的，一個接一個移動，製造出複雜的蛋白質。這樣的情況跟現代工廠簡直一模一樣，令人驚嘆不已。

轉錄與轉譯的流程

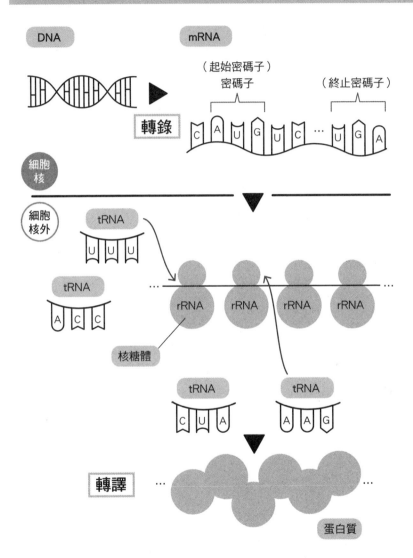

其中，RNA 聚合酶與核糖體的運作特別神奇，簡直可說是分子工廠。

人體大約有 60 兆個細胞。可以說，一個個細胞就像小型工廠一樣，為了維持生命而日夜工作。

8

感染症的發病與預防

2019 年 12 月，中國武漢市爆發新型冠狀病毒感染症，迅速蔓延至全世界。

2019 年 6 月，我在中國參加武漢大學舉辦的研討會。12 月，我看著疫情的新聞報導，回憶起武漢的街道，隱約覺得，疫情大概半年就會結束吧！

2021 年 6 月，我正在撰寫本書。此時疫情非但未平息，還愈演愈烈，出現了變異株，一點都沒有停止的跡象。

新型冠狀病毒與過去的冠狀病毒

新型冠狀病毒是冠狀病毒的一種，正式名稱為 SARS-CoV-2（嚴重急性呼吸道症候群冠狀病毒 2 型，Severe Acute Respiratory Syndrome Coronavirus 2 的縮寫，簡稱 COVID-19）。

目前已知會感染人類的冠狀病毒有 6 種，其中 4 種會引起普通感冒的症狀（HCoV），另外 2 種是 2002 年廣東爆發的 SARS，以及 2012 年源自中東的「中東呼吸症候群冠狀病毒」（MERS）。

後兩種的死亡率分別是 9.6％與 34.4％，都是非常危險的病毒。有人說冠狀病毒只不過是感冒病毒，但還是有必要知道，有時不見得如此。

2019 年發現了第 7 種冠狀病毒──SARS-CoV-2。看名稱就知道，這不只是感冒病毒。這種病毒引起的疾病稱為 COVID-19（也就是說，它不是普通感冒）。

COVID-19 疫情確認後 1 個月，即 2020 年 1 月，SARS-CoV-2 的鹼基序列完成解讀，人們已了解它的約 3 萬個鹼基序列。鹼基序列中，除了與胺基酸序列對應的部分，還含有可讓病毒自我複製的 RNA 聚合酶等訊息。

病毒依據病毒 RNA 聚合酶的訊息進入細胞，先組成 RNA 聚合酶，複製自己的 RNA。然後，所複製的 RNA 由核糖體轉譯，合成各種病毒蛋白，在宿主細胞內增殖。

瑞德西韋（Remdesivir）、法匹拉韋（Favipiravir）都是以抑制病毒複製來達成治療效果的藥物。

預防感染症的疫苗

藥物能夠治療感染新冠病毒的人，不過，最好是一開始就不要感染。所以，有了藥物之後，我們需要的是疫苗。

有新聞指出，新冠疫苗接種順利的國家，感染逐漸得到控制。

2019 年起迅速傳播的新型冠狀病毒 SARS-CoV-2，是人類首次遇到的病毒類型。

一般來說，病毒無法自我增殖，必須潛入其他生物的細胞才能增殖。

所有冠狀病毒（包括新型冠狀病毒）都是直徑約 100 奈米的球形，由 RNA 攜帶遺傳訊息。病毒表面包覆了脂質雙層膜，酒精、肥皂就能輕易破壞它，使病毒失去感染能力。因此，用酒精消毒、用肥皂洗手能有效對抗病毒。

病毒表面有許多突起物，稱為**棘蛋白**（Spike Protein，形狀類似皇冠，「冠狀病毒」這個名稱便源自於此），是重要的感染機制。

棘蛋白與人體細胞表面的某種分子結合，藉此進入細胞內部。

新冠疫情爆發後，中國、美國、歐洲、俄羅斯等國幾乎立刻開始研發疫苗，其中最引人矚目的是 mRNA 疫苗，因為這種疫苗過

去從未使用在人身上。

　　RNA 只是暫時儲存遺傳訊息，而且非常不穩定，如果要用來製造疫苗，難度相當高。不過，這幾年因為技術的革新，已經可以實際生產、使用。詳細情況會在下一小節說明。

　　疫苗所產生的 SARS-CoV-2 抗體能持續多久，目前還不清楚。而且，今後預計還會出現各種變異株。除了 mRNA 疫苗，還有其他種類的疫苗也在研究、開發中。

　　讓我們期待新冠疫情早日結束吧！

mRNA 疫苗的機制

新型冠狀病毒疫苗稱為 mRNA 疫苗，它有一個與傳統疫苗完全不同的重要特徵。或許因為它歷史尚短，許多人對疫苗接種表示擔心，但其實無須過慮。

現在我們來談談疫苗的種類與 mRNA 疫苗的作用機制。

疫苗的種類與機制

疫苗的作用是預先讓身體產生免疫力，以預防感染症。

過去的疫苗大致可分為**減毒疫苗**（Attenuated Vaccine）與**不活化疫苗**（Inactivated Vaccine）兩類。

金納研發的天花疫苗（請參考第 2 章 82 頁）屬於減毒疫苗。顧名思義，就是將病毒的毒性減弱，製成疫苗，注射到人體內，使人體獲得免疫力。雖說已降低毒性，但畢竟是將活病毒注射到體內，某些情況可能會產生嚴重的**不良反應**，但免疫力通常會持續很長時間。

不活化疫苗則是將失去毒性、不會在體內增殖的病毒注射進人體，以產生免疫力。與減毒疫苗相比，它的不良反應比較少，但免疫持續時間也比較短。

mRNA 疫苗與傳統疫苗的差異

mRNA 疫苗是依據中心法則研發出來的。

遺傳的過程中，細胞核內的 DNA 將攜帶遺傳訊息的鹼基序列轉錄至 mRNA，然後 mRNA 離開細胞核，由核糖體轉譯成胺基酸序列，進而合成蛋白質（請參考 152 頁）。

mRNA 疫苗使用的是化學合成的 RNA。這段 mRNA 攜帶了製造 SARS-CoV-2 **棘蛋白** 訊息的鹼基序列。將這段 RNA 送進人體細胞之後，它就會扮演 mRNA 的角色，製造出棘蛋白。

這些棘蛋白並非病毒本身，所以不會引發 COVID-19 的症狀。棘蛋白在製造完成後，就被釋出細胞外。此時，人體的免疫細胞會視它們為外來威脅，將其吞噬、分解。

免疫細胞反覆吞噬棘蛋白的碎片，製造出許多攻擊棘蛋白的「**抗體**」，如此，人體就得到免疫力了。

雖然抗體數量會隨時間而減少，但免疫細胞會記住棘蛋白。當真正的病毒進入體內，它們就會立刻形成抗體，攻擊棘蛋白，使病毒失去感染能力。

RNA 非常不穩定，在幾個小時、最多幾天內就會分解，所以，製造疫苗時會用奈米顆粒（Nanoparticle）包覆。

奈米顆粒是直徑為 1-100 奈米的球狀顆粒，由脂質構成，常應用於日常用品，如防曬霜、粉底、除臭噴霧等。

mRNA 疫苗需要冷凍保存。有資料指出，製造奈米顆粒所使用的聚乙二醇（Polyethylene Glycol）可能引起過敏性休克（Anaphylaxis Shock），但跟流感疫苗相比，mRNA 疫苗的不良反應並不特別多。

有些人擔心「mRNA 可能會影響 DNA」，這就是杞人憂天了。

RNA 原本就不穩定，再加上 DNA 在細胞核內，mRNA 在細胞核外，無法進入細胞核，可說對 DNA 沒有影響。

疫苗的種類與特徵

	不活化疫苗	減毒疫苗	mRNA疫苗
是否使用病毒	是	是	否
毒性	失去	弱	無
免疫持續時間	短	長	
疫苗效果	弱	強	中
不良反應	少	某些情況下很嚴重	

10

GPS 的原理

應該有很多人會用 Google 地圖、汽車導航來確認如何到達目的地。導航系統配備了 GPS（Global Positioning System，全球定位系統）功能，不但讓你知道自己和目的地的位置，連路線、時間也一目了然。

就算車開進隧道裡，或人在地鐵上，也能得到相當精確的位置資訊。

究竟如何才能知道自己在哪裡呢？

GPS 從太空衛星取得訊息

1990 年，馬自達（Mazda）汽車公司推出 GPS 汽車導航系統，自動找出使用者目前位置的裝置就此問世。

GPS 系統最初是由美國軍方建立，目的是為地球上所有事物提供準確定位。為此，美軍在高度 2 萬公里處設置了 24 顆衛星。

每顆衛星都裝置了計時精確的原子鐘（Atomic Clock，以原子所吸收、發射的無線電波或光的頻率來計時的時鐘。無線電波或光

的頻率相當於鐘擺或時鐘中心的振盪器），計算從複數個衛星接收電波需要多少時間，以測量和衛星之間的距離，藉此判斷正確位置。

就原理來說，知道與 3 個衛星間的距離，就可定出使用者在地面的位置。

不過，為了使接收器的時間精確度與原子鐘一致，還必須再接收 1 個衛星的電波。所以，至少需要 4 顆衛星。第一顆實用衛星在 1978 年發射。

科氏力與陀螺儀感測器

全世界第一個導航系統使用的是陀螺儀感測技術。

陀螺儀感測器（Gyro Sensor）又名角速度感測器（Angular Velocity Sensor），是用來測知轉動方向的裝置，其原理是第 2 章介紹過的科氏力（請見 30 頁）。

請想像一下，汽車上有個小陀螺（陀螺儀）。

以固定速度向前直行的車一旦轉彎，離心力就會作用在陀螺的轉動軸上。

測出該作用力的方向和大小，就能知道車子轉彎的方向和角度。

我們開車時，實際上使用的不是陀螺，而是具有陀螺功能的裝置，它的原理跟陀螺一樣。

此外，汽車上也裝設了加速度感測器（Accelerometer Sensor），測量速度的變化，據此獲得車輛傾斜與移動距離的資訊。

加速度感測器是測量加速度的裝置。車子移動或傾斜時，掛在彈簧上的重錘會改變位置，偵測這種位置變化便可求得加速度。

最早期的汽車導航系統是使用畫在透明賽璐珞上的地圖與陰極射線管（CRT）顯示器。開車時，將地圖插進顯示器前方來進行導航。

出發前要先用專用筆在賽璐珞地圖上標記自己的位置，如果改變地點，就得換一張地圖。以現在的眼光來看，就跟玩具差不多。這種方式的準確度當然不高，直走時，畫面仍可能顯示在轉彎。

陀螺儀感測器　　　　　　加速度感測器

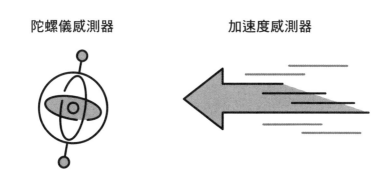

第一代汽車導航系統

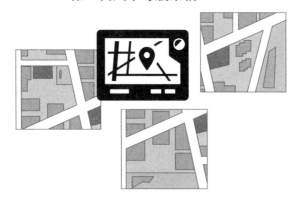

無線電波的速度與衛星的速度

GPS 系統的基本原理是，以衛星發出無線電波與地面收到無線電波的時間差距來計算距離。

只要將時間差乘以無線電波的速度（v），就能算出距離。不過，無線電波的速度（v）會受到衛星速度（V）的影響。

假設路上有一輛汽車，行駛速度是秒速 17.5 公尺（時速 63 公里），車上的人以秒速 10 公尺向行進方向（前方）丟出一顆球，在靜立路邊的人眼裡，那顆球前進的秒速是 17.5 ＋ 10 ＝ 27.5（公尺）。

相反地，如果車速相同、丟球的速度相同，但是向後丟的話，在靜立路邊的人眼裡，那顆球前進的秒速就是 17.5 － 10 ＝ 7.5（公尺）。

也就是說，對靜立路旁的人而言，車內人的投球方向導致球前進的距離不同，所以球速也有差異。向前丟的話，球速就是車速加球本身的速度；向後丟的話，球速就是車速減球本身的速度。

從汽車的例子，你可能會以為，衛星所發出的無線電波速度，會因接收器的位置在衛星前方或後方而有所不同。

但依據狹義相對論，電磁波速度是固定的，與波源的速度無關。

也就是說，GPS 系統的設計前提是，衛星發出的無線電波速度是固定的，與衛星的速度無關。

準確的時鐘也能確保 GPS 的精確度，因為發射器與接收器之間的距離，是由發訊與收訊的時間差 × 光速（c）而計算出來的。

電磁波每秒前進 30 萬公里。

只要 1 秒有 1/10000 的時間誤差，就會產生 30 公里的距離誤差（30 萬公里的 1/10000 是 30 公里）。這樣的話，GPS 就完全無法發揮定位功能，因為與正確位置偏離太遠。

光有原子鐘，GPS 依然沒有用處

　　假使愛因斯坦沒出現、世界上從來沒有相對論，會怎麼樣呢？讓我們來想像一下。

　　在某個星球上，智慧生命建立了社會，也發明了原子鐘、GPS 與汽車導航系統。

　　只不過，實際使用汽車導航時，無論試了多少次，到達的位置都和目的地相隔幾十公里。最後，那顆星球上的人放棄使用 GPS。

　　因為如果沒有愛因斯坦的相對論，就不會有 GPS。

　　不管裝設多少計時精準的原子鐘，發射器與接收器的時間行進速度依然不同。接收器在地球上，發射器則是以每秒 4 公里的速度，在高度約 2 萬公里、重力較弱的地方運行。

　　狹義相對論主張「**移動中的時鐘走得比較慢**」，廣義相對論則主張「**重力強的地方時鐘走得比較慢**」。發射器位於重力弱但快速移動的地方，對於時間流動速度有兩種完全相反的影響。以狹義相對論的角度，那裡的時間流動會比較慢，但以廣義相對論的角度，那裡的時間流動會比較快。

我們先假設，相對於地球上的接收器，發射器（GPS 衛星）是以每秒 4 公里的速度，在約 2 萬公里外的高空運行。

因為 GPS 衛星上的時鐘處於移動狀態，所以它每秒會比地面接收器的時鐘慢 1,000 億分之 8.4 秒。

但又因為 GPS 衛星位於高度 2 萬公里的天空，重力小於地面，所以每秒會比接收器快 100 億分之 5.27 秒。

也就是說，GPS 衛星上的原子鐘每秒只會比地上的時鐘快 1,000 億分之 44.3 秒。

或許你會覺得時間很短，沒什麼大不了。但想想看，如果讓這樣的差距持續一整天，會怎麼樣呢？

一天有 24 小時，換算成分鐘的話就是 1,440 分鐘（24 小時 ×60），換算成秒就是 1,440×60 = 86,400 秒。

所以，一整天的時間誤差是 100 萬分之 38.3 秒，大約會產生 11 公里的距離誤差。

差距如此之大，代表 GPS 無效。所以，GPS 衛星上的原子鐘必須調整，以與地面時間同步。

實際上，有許多因素可能降低 GPS 距離定位的精確度。除了相對論所提的時間變化之外，還包括地球大氣電離層（Ionosphere）導致的光速（c）變化、GPS 訊號遇到高樓時造成的反射，或使用者位於隧道之類場所，收不到 GPS 訊號等等。

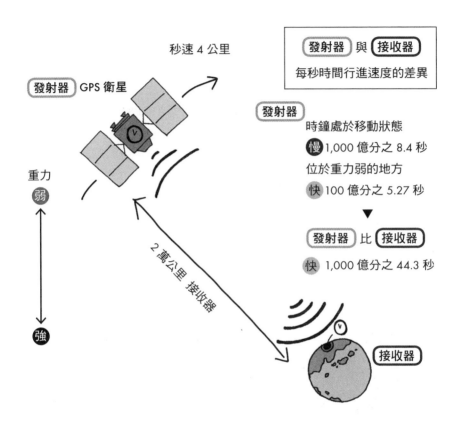

秒速 4 公里

發射器 GPS 衛星

重力
弱

強

2 萬公里 接收器

發射器 與 接收器
每秒時間行進速度的差異

發射器
時鐘處於移動狀態
慢 1,000 億分之 8.4 秒
位於重力弱的地方
快 100 億分之 5.27 秒
▼
發射器 比 接收器
快 1,000 億分之 44.3 秒

接收器

173

這些情況下，可以經由各個地面基準站的訊號或陀螺儀感測器的修正，來保持 GPS 的精確度。

　　另外，日本也開發了「日本版 GPS」——準天頂衛星系統（Michibiki）。此系統由 4 顆衛星組成，只覆蓋地球的一部分，涵蓋日本上空。同時使用準天頂衛星系統與 GPS，就能將距離誤差控制在 1 公尺以內，未來可望縮小到數公分。

　　以上我們介紹了來自太空的衛星 GPS、人臉辨識、疫苗等知識。了解世界各個部分的科學面向，能夠讓我們認識過去從未察覺或意識到的事，感受世界的進步，並發現新的世界觀。

Chapter 4

解讀艱澀的
科學理論

接下來的內容比較專業，
大家可以只看自己感興趣的部分。

相對論與愛因斯坦

相對論是由天才物理學家愛因斯坦所創立，因為其中所提的現象與常識相距甚遠，現已成為艱澀科學理論的代名詞。

相對論顛覆時間與空間的常識

應該有不少人認為，時間是上帝賜予人類唯一的公平之物。但愛因斯坦說：「時間的流動並不均等。」理由有二：

● **移動中的時鐘走得比較慢**
● **重力強的地方時鐘走得比較慢**

這兩個理由是從「**任何人測光速（c）都會得到相同值**」的實驗事實（Experimental Fact）推導出來的（請見 177 頁）。這句話雖然簡短，很容易一晃而過，但跟我們的日常經驗全然不同。

例如，新幹線以速度 V 行駛，車廂內的人對著新幹線的行進方

向，以速度 v 投出一顆球。對於站在月台的人來說，球速是 V＋v，
亦即球被投出的速度＋新幹線的速度。

但如果從車廂內發出的不是球，而是光，會怎麼樣呢？

你是不是以為，月台上的人所看見的光速是 V＋c 呢？

實際上，19 世紀末就有人做過實驗，以確認這種情況下的光速
是否為 V＋c。

這個實驗使用了地球。地球以秒速 28 公里（時速 10 萬公里）
繞太陽公轉。

所以，如果向地球的行進方向與反方向各發射出一道光，兩道
光的速度應該會因為地球公轉的速度而有差距。不過，該實驗並
未偵測出兩道光的速度有任何差異。

也就是說，「**光速不會因光源或觀測者的速度而改變**」。

不過，當時的物理學家預設「光速因光源或觀測者的速度而不同」，所以對該實驗感到十分困惑，無法坦然接受實驗結果，但愛因斯坦的想法不同。

光速（c）為每秒 30 公里，表示 1 秒可以繞地球 7 圈半。

在那個時代，人類能體驗到的最高速度是秒速 10 公尺（時速 36 公里），光速（c）比這個速度快了 3,000 萬倍。

愛因斯坦認為，「我們從日常經驗所得的常識不適用於光速」，因為光速比人類所能體驗到的速度快了幾千萬倍。於是，他思考如果接受這個實驗事實，會推導出什麼結果。

回到從新幹線車廂投球的問題，把球改成光，如果每個人都感覺到相同的時間前進速度，就可以採取跟投球一樣的計算方法，那麼，月台上的人所看到的光速就會是 V + c。

也就是說，結論會是「光速因光源或觀測者的速度而不同」。

但愛因斯坦認為，如果「任何人測光速（c）都會得到相同值」這個實驗結果是正確的，**「每個人都感覺到相同的時間前進速度」這個常識就應該改變**。

經過反覆實驗，他的結論是，不只時間的行進速度，連空間的長度也必須改變。

我用以下的例子說明。

理應會爆炸的炸彈

準備一個炸彈，設定它在靜止狀態下會精確地在 1 秒鐘之後爆炸。要解除爆炸，必須事先設定一組三位數密碼，放在月球表面。

假設我們用秒速 27 萬公里的火箭將炸彈送往月球（設定火箭一定會到達放置密碼的地點）。

176 頁提過，「移動中的時鐘走得比較慢」。與靜止的時鐘（時鐘 A）相比，移動的時鐘（時鐘 B）轉速會比較慢。不過，哪個時鐘是靜止的？這是相對而非絕對。

地球到月球的距離是 38 萬公里。從地球人的角度，火箭應該會在 1.4 秒內到達月球。

可是，炸彈設定在 1 秒鐘時爆炸。

也許你以為，火箭應該在到達月球前就炸成粉碎了。不過，火箭平安到達月球表面，解除了爆炸裝置。

為什麼火箭上的炸彈沒爆炸？

有兩個理由。

1. 移動中的時鐘走得比較慢

依照地球人的推測，火箭會在 1.4 秒內到達月球。但因火箭上的時鐘處於移動狀態，對地球人來說，它的轉速比地球上的時鐘慢；地球上過了 1 秒，火箭上只過了 0.43 秒，所以炸彈沒爆炸。

而對火箭上的人來說，因為自己的速度跟爆炸裝置的速度相同，在他們眼中，爆炸裝置是靜止的，照理說會在 1 秒鐘時爆炸。

不過，爆炸裝置在月球表面解除，對地球上和火箭上的人來說都是相同的事實。那麼，為何對火箭上跟炸彈在一起的人而言，炸彈依然沒爆炸呢？

2. 空間隨著時間而改變

可能是因為地球到月球間的距離變短了。

火箭是從地球發射出去的，對火箭上的人來說，愈接近月球，愈會覺得月球向自己靠過來。

因此，在搭乘火箭的人（靜止狀態）眼中，移動中的火箭往行進方向的長度（距離）會縮短。

這跟「移動中的時鐘走得比較慢」是一樣的道理——時間會因移動而變慢，空間也必然因移動而縮短。

時間的延遲和空間的縮短情況因速度而異。無論人在地球上或火箭上，以任何速度移動，測量到的光速都是相同值；而為了維持這項光速不變的性質，時間和空間會改變。

這就是「相對論」。

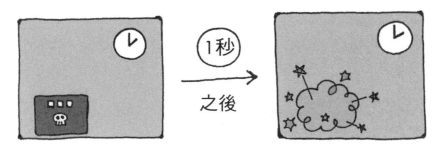

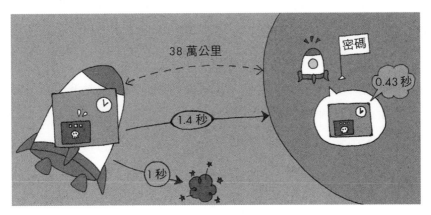

因此，不同速度的人擁有不同的時間與空間，亦即「時間的流動並不均等」。

時間與空間有無數個，沒有人能說自己的時間與空間是絕對的。

即使在同一時刻，也有「過去」與「未來」

「沒有人能說自己的時間與空間是絕對的」，這個概念可推導出以下結論：

在兩個以上相隔遙遠的地方能否觀測到「同一時刻」，依位於該地的時間觀測者而異。

為了證實這個結論，先假設我們準備了兩個準確（以世界標準時間為準）的時鐘，分別放在東京和巴黎，而在這兩個時鐘指著相同時刻（同時）時，東京與巴黎各發生了某件事。

跟光速（c）比起來，地球的自轉速度與時鐘的移動速度顯得相當慢，所以它們造成的時間延遲可以忽略。

東京與巴黎的中間點有 2 艘太空船（A 和 B），以接近光速的速度移動，分別前往調查在東京與巴黎發生的事。A 太空船從東京往巴黎方向行駛，B 太空船從巴黎往東京方向行駛。

花了一點點時間，事件的訊息分別傳送到了 2 艘太空船上。結果，A 太空船收到訊息時，已經朝巴黎方向行駛了；也就是說，A 太空船會先收到巴黎的訊息，再收到東京的訊息。

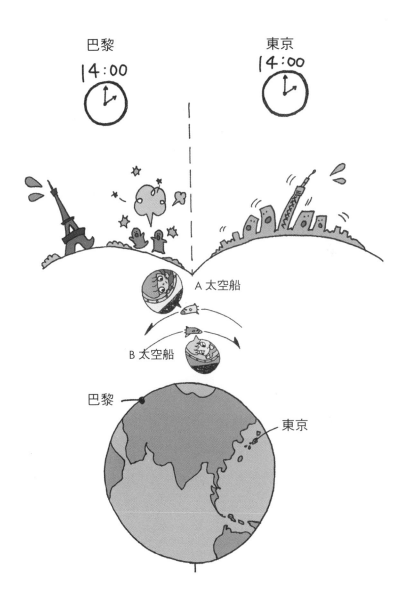

巴黎
14:00

東京
14:00

A 太空船

B 太空船

巴黎

東京

所以，對 A 太空船來說，巴黎的事件在先（過去），東京的事件在後（未來）。

相反地，對 B 太空船來說，東京的事件在先，巴黎的事件在後。

也就是說，因為觀測者不同，過去與未來互相調換。

「過去」與「未來」是兩回事

但是，過去與未來有無法化約的差異。

對 A 事物而言，所謂未來發生的事，是指以 A 事物為起點，光在一定時間內到達的距離範圍內發生的所有事。

同樣地，對 A 事物而言，過去是指光在一定時間內到達 A 事物的距離範圍內發生的所有事。而其餘事件（一定時間內光無法到達的距離所發生的事）對 A 事物來說，都是同時、未來與過去。

也就是說，因為「光速恆定」，對某個事物而言，絕對的未來與過去必須考慮時間、空間兩方面的變化。

這種對時間、空間的處理方式就是**狹義相對論**。

廣義相對論終於建立

愛因斯坦發現狹義相對論後，經過 10 年的反覆試驗，遭遇多次失敗，終於完成了**廣義相對論**。

廣義相對論指出時間與空間都在運動，比狹義相對論更具革命性。

可能有許多人疑惑，什麼是時間運動、空間運動呢？我們先來談談相對論中的「**時空**」概念，這個概念把時間和空間一起考慮。

時間加上空間，也就是**四維時空**，就像所有事情發生的舞台。狹義相對論主張「隨著運動中人的速度改變，時間會延遲、空間長度會變化」，但不表示四維時空這個基礎會改變。

四維時空圖

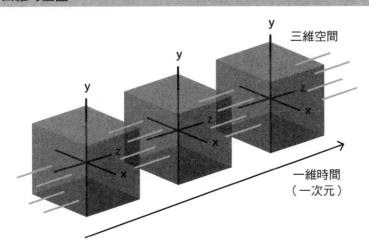

三維空間

一維時間
（一次元）

185

在一張平面紙上取橫軸與縱軸，加上適當的刻度後，用兩個數值（從原點到橫軸、縱軸的距離）就可以定出紙上某一點的位置。如果改變橫軸與縱軸的取法，就可以用其他兩個數值表示同一個點的位置。

例如，我們將「橫軸 5，縱軸 9」設為 A 點，改變橫軸與縱軸的取法後，就變成「橫軸 9，縱軸 5」的 B 點。

二維空間中的取點方式

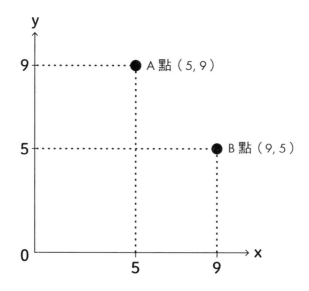

狹義相對論基本上也採用這樣的思考方式，不過有兩點不同。

第一，狹義相對論不是二維，而是四維時空——三個空間軸（二維橫軸的 x、y、z 三個方向）和一個時間軸 t（二維縱軸）。

第二，狹義相對論中，這些軸的取法依觀測者的速度而定，且「任何人測光速都會得到相同值」。

不過，有些研究者認為，四維時空的存在獨立於觀測者和宇宙中的一切。

而愛因斯坦在建立廣義相對論的過程中，假設四維時空「獨立於觀測者而存在，但和宇宙中的物質並非無關」。

因為「宇宙中存在的物質（物體）周圍，空間會彎曲，時間會延遲」。

物品放在橡皮布上，放置處就會凹陷下去；同理，太陽周圍的空間也會彎曲——不但空間會彎曲，時間的流動也會變慢。第 2 章提到，水星運動和牛頓的萬有引力定律有些許出入，也是因為時空彎曲的影響（請見 65 頁）。

太陽的重量大約是地球的 30 倍，但不表示空間的彎曲更大。

就像把 1 公尺長的棒子削短約 1 公釐（萬分之一），這麼細微的變化，人類應該完全感覺不到。

你或許會以為，這樣的影響微不足道，無論有或沒有，都不會造成任何差別，但實際上並非如此。

　　第 3 章提過，在導航的實際應用上，修正 GPS 衛星的時間延遲是非常重要的（請見 170 頁），而 GPS 衛星的時間延遲就是因為地球周圍的時空彎曲。

黑洞與廣義相對論

目前為止我們討論了相對論與時空的問題，而有一種現象是時空彎曲的極端形式，那就是黑洞。

黑洞的結構

地球直徑約 12,700 公里，重量（質量）約為 5.97×10^{24} 噸（地球質量可用 1M$\oplus$ 為單位來表示，1M$\oplus \fallingdotseq 5.97 \times 10^{24}$ 噸）。

保持相同的質量，將地球壓縮到約直徑 2 公分，就成了黑洞。

在人們的印象中，黑洞似乎只有一個；但實際上，我們知道宇宙中有無數個黑洞。

我們的銀河系中心也有一個巨大的黑洞，質量約為太陽的 400 萬倍。

黑洞周圍的時空就像向下的電扶梯一樣，無止境地向中心掉落。離黑洞愈近，空間掉落的速度愈快。在黑洞表面，空間是以光速（c）墜落。

所以，如果在黑洞表面向外發射光，從遠處看，光看起來仍會像永遠停在原處。我寫「看起來」，因為「看」是指接收到從該處發出的光，但正確來說，觀測者看不到光。硬要說的話，只能說該處看起來是黑色的，所以稱為黑洞。

可能逃出黑洞嗎？

時空是以超越光速（c）的速度掉進黑洞，因此，即使試圖以光速從黑洞中（周圍）逃出，再怎麼努力，移動的方向最終還是會朝內（黑洞中心方向）。

任何東西一旦經過黑洞表面，不僅再也回不到黑洞以外的世界，還會持續墜落，連停留在黑洞內部都不可能。

你或許以為黑洞內充滿星星、塵埃等物質，但如同它的名稱──黑「洞」，它是空的。不只物質，連時空都朝黑洞的中心墜落。

那麼，掉進黑洞的物質和空間究竟去了哪裡？

現在物理學將黑洞的終點稱為「**奇異點**」（Singularity），但它的真實樣貌如何，目前還不清楚。

奇異點是現代物理學中少數懸而未決的問題之一，它是時空的終點站，並不是一個「地點」。它沒有時間，沒有空間，我們也不知道物質在其中會變成什麼狀態。

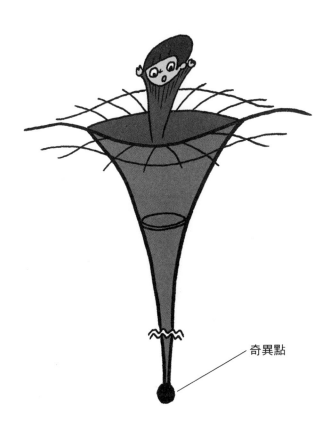

奇異點

時空是狹義相對論的舞台，也是廣義相對論的討論主題。廣義相對論主張時空（時間與空間）會運動。

現在讓我們想一想，物體在具有龐大質量的天體周圍墜落，會是什麼樣的情況呢？

一般認為物體是受天體重力的吸引而落下，廣義相對論則認為「**物體在空間中是靜止的，是空間本身在下墜**」。

你知道太空站內為什麼是無重力狀態嗎？

太空站邊朝地球下墜，邊朝水平方向運動，所以能夠在地球周圍繞行。

依照廣義相對論的看法，下墜的是太空站內的空間，太空人只是在站內空間裡靜止不動。

太空站內空間裡的一切都維持靜止，所以裡面的太空人會覺得自己彷彿處於無重力狀態。

另一方面，在天體上空停留不動（未繞行地球）的時鐘如果墜落，移動方向會與它下墜的空間相反。因此，就遠方的人（處於無重力、空間未移動的狀態）看來，這個時鐘會走得比較慢。

拜廣義相對論之賜，我們得以解釋天體諸多現象，如宇宙中有黑洞；GPS 導航系統也因此能正常運作，指引我們到正確的地點。我們也因此知道，有「時空朝黑洞中心墜落，消失在奇異點」的現象。理論上可說，時空將消失不見。

時空消失這種現象遠遠超乎想像，不屬於現實世界，而像科幻小說的場景。

2

薛丁格的貓與量子力學

有些科學理論非常困難與不可思議，其中，「**量子力學**」被認為超越人類思考的極限。

應該有很多人聽過前面討論的相對論，但沒聽過量子力學。不過，你聽過量子電腦和薛丁格的貓吧？

實際上，日常生活中處處都是量子力學的影子。

一言以蔽之，量子力學就是「微觀世界的物理學」。微觀世界與巨觀世界的界線相當模糊，這點將在 207 頁詳細討論。

微觀世界的能量關係

第 1 章提過，原子是由電子（－）繞行原子核（＋）而構成（請見 41 頁）。這表示原子核持續吸引電子，如同地球繞行太陽。

太陽與地球間的吸引力是「重力」，原子核與電子間的吸引力則是「電磁力」。

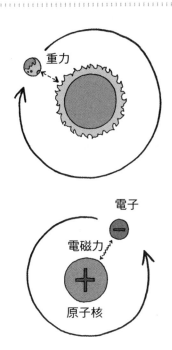

也就是說，電子在力的作用下持續運動。

依據 19 世紀建立的電磁學（之後的古典電磁學或古典電力學），
不只電子，所有帶電物體都有以下兩種性質：

● **在其他帶電物體的力的作用下運動（加速運動）**
● **在加速運動的過程中放出電磁波，並因此失去能量**

也就是說，電子在原子核周圍做加速運動，因而能量減少，愈
來愈靠近原子核，最後被原子核內的質子吸收，並發生碰撞。電
子與質子碰撞後，正電荷和負電荷結合，變成中性；所以照理說，
質子應該會變成中子。

要花多少時間，氫原子（H）中的電子才會和質子發生碰撞呢？計算後得知，所需時間非常短，大約千萬分之一秒內，電子就會被質子吸收。

但「原子核中的電子會失去能量，被質子吸收」的論點如果是真的，宇宙中就不可能有原子。當然，我們這些原子組成的生物也不會存在。

也就是說，前述「電子在原子中失去能量，被質子吸收」的電磁學觀念顯然是錯的。指出這個錯誤的，是量子力學。

電子在加速過程中放出電磁波，逐漸失去能量──這樣的觀點不適用於原子中的電子，因為原子中的電子處於**束縛態**（Bound state，被某種力量約束的狀態）。

第 2 章提到的物理學家德布羅意（請見 112 頁）認為，因為「電子是粒子也是波」，所以不會放出電磁波與失去能量。

德布羅意認為，只有在原子核圓周周長是電子波的整數倍時，電子在環繞原子核一周後，電子波才會天衣無縫地首尾相接（環繞一周後會準確恢復初始波高）。只有在這樣的情況下，電子才會穩定存在於原子中。

此時，電子波不會產生變化，所以不會放出電磁波。

另外，電子也不會失去能量，所以不會被質子吸收。

當電子脫離原子的束縛，在自由空間運動時，古典電磁學的觀點成立。

德布羅意的物質波

原子核圓周長度

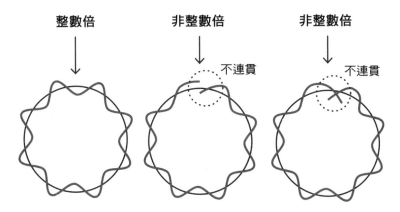

整數倍　　　　非整數倍　　　　非整數倍

不連貫　　　　　不連貫

實驗顯示電子是粒子也是波

我們可以用實驗呈現「電子是粒子也是波」。

在說明電子的波動性之前，我先介紹一個水面波的實驗。

準備一個裝了水的大水槽，設水面的一處為波源（波發出的位置）。

再準備兩塊長度相同的板子，一塊（A板）打兩個洞，好讓水能通過，將板子放在波源與水槽壁的正中央。

另一塊板子（B板）不打洞，放在A板後面，與A板平行（兩塊板子的距離比波長長一些，但不要讓波幅變得太小）。

在波源處上下翻動，持續製造波浪。

波源產生的波碰到A板後被擋住，但會從兩個洞流出，形成兩個波，擴散開來。兩波時而相互加強，時而相互抵銷，來到B板。因為波浪強弱的不同，B板一帶會交替出現高波浪與無波浪的區域。

兩個以上的波疊合時會互相增強或抵銷，是波的特徵，這種現象稱為**干涉**（Interference）。干涉發生後，會反覆出現強波與弱波，產生均勻的波紋狀圖案，稱為**干涉條紋**（Interference fringe）。

1927 年，有研究者用電子做了相同的實驗。

準備發射電子的裝置和有兩個縫隙的螢幕（A 螢幕），再將另一個螢幕（B 螢幕）放在後方。B 螢幕用來記錄電子的到達——當電子撞上螢幕，就會在該處留下一個點。

如果電子是粒子，理應只有穿過 A 螢幕縫隙的電子會到達 B 螢幕。這樣的話，B 螢幕上應該會有很多個點沿著縫隙的延長線分布。

但實際實驗時，B 螢幕上分布的點卻形成了干涉條紋。

電子無疑是粒子，那麼，形成干涉條紋的波到底是什麼呢？

因為電子是粒子，或許你會認為這是一群電子的行為以波的狀態來表現，但有其他實驗明確否定了這一點。

電子鎗發射一個電子，B 螢幕就會出現一個點。如果接下來每次都發射一個電子，B 螢幕上的點將呈現隨機分布。雖然點的分布看似隨機，但隨著點愈來愈多，就會漸漸形成干涉條紋。

B 螢幕上的各個點是隨機出現，由此可知，並不是一群電子的行為以波的狀態來表現。

那麼，會是一個電子的波穿過兩個縫隙，到達 B 螢幕嗎？這是不可能的，因為一個電子（粒子）不可能同時存在於兩個地方。

那會是電子在通過縫隙前分裂為二，再合體形成電子嗎？

也並非如此，因為從未觀測到電子碎片。也就是說，一個電子只能被觀測為一個電子。

對於電子形成干涉條紋，量子力學的看法如下：

「電子雖是粒子，但在某個位置的存在機率為 0.5，在其他位置的存在機率為 0.1。」

也就是說，電子的存在機率擴大，而擴大的部分以波的狀態表現。

以這個觀點解釋雙狹縫實驗（Double-slit Experiment），就是機率波穿過兩個縫隙，互相干涉，來到 B 螢幕。B 螢幕上，電子存在機率高的地方形成條紋狀。因為那裡能觀測到較多電子，所以點的分布形成了干涉條紋。

雙狹縫實驗

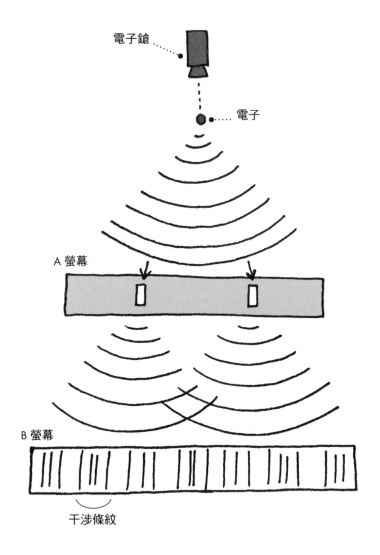

電子鎗

電子

A 螢幕

B 螢幕

干涉條紋

存在與否是機率問題嗎？

如同雙狹縫實驗所顯示，在微觀世界，存在與否只是機率問題。

這種機率波稱為**波函數**（Wave function），描述波函數行為的方程式稱為**薛丁格方程式**（Schrödinger equation）。

這個方程式是由奧地利物理學家埃爾溫·薛丁格（Erwin Rudolf Josef Alexander Schrödinger）提出，故以他的名字命名。他不接受機率詮釋的概念，認為波函數是真實的波。

愛因斯坦也反對將波函數解釋為機率波。他堅持，存在就是實際存在，和觀測者與裝置無關。

愛因斯坦曾說：「上帝不擲骰子！」「你只有在看著月亮的時候，才相信月亮存在嗎？」表達他對量子力學的反感。

就算不是薛丁格和愛因斯坦，應該也會覺得「存在與否是機率問題」很不合理吧！

不過，量子力學以這樣的想法獲得驚人發展，成為半導體等現代科學技術的基礎。

薛丁格的貓思考微觀與巨觀的界線

薛丁格和愛因斯坦提出各式各樣的例子，持續對量子力學的「機率詮釋」表示反對。1935年，薛丁格提出「薛丁格的貓」思想實驗。

準備一個不透明、從外面看不到內部的箱子，把一隻貓和毒氣釋放裝置密封在裡面。毒氣釋放裝置中裝了某種放射性元素，當它釋放輻射線，轉變為其他元素（衰變）時，就會放出毒氣。

一旦毒氣釋放，可憐的貓就會死。放射性元素是微觀物質，屬於量子力學的範疇。如果每小時放射性元素衰變的機率是 50％，那麼一小時後，它維持原狀的機率是 50％，衰變的機率也是 50％。

也就是說，只要不觀測，箱中這兩種狀態就同時存在，機率各占一半（**兩個狀態的疊加**〔Superposition〕）。打開箱子的窗孔時，才會確定是哪種狀態。

依照常識，打開窗孔時如果貓死了，就表示放射性元素應該是在一小時內發生衰變。

但只要放射性元素屬於量子力學的範疇，在打開窗孔前，兩種狀態就是以相同機率共存。

但是，貓不可能「同時既是活的也是死的」。

所以薛丁格主張「量子力學不完備」。

但量子力學真的不完備嗎？

薛丁格的思想實驗中，箱子裡裝了貓和毒氣釋放裝置。貓顯然是活在巨觀世界，所以，窗孔打開時貓如果活著，表示從窗孔打開前，貓就一直是活著的。

整個毒氣釋放裝置則屬於量子力學的微觀對象。如果毒氣釋放裝置也跟貓一樣屬於巨觀世界，量子力學的疊加狀態會很容易崩潰。

毒氣釋放裝置屬於巨觀世界的話，就不會有疊加狀態，所以貓也絕對不會「既生又死、半生半死」，因為毒氣釋放與否是確定的。

因此，物體屬於巨觀或微觀世界，會產生不同的結果。隨著技術的進步，如果能將巨觀物質保持在微觀狀態，我們就能用微觀的方式處理巨觀物質，這樣一來，微觀與巨觀之間就沒有明確的界線。

薛丁格的貓

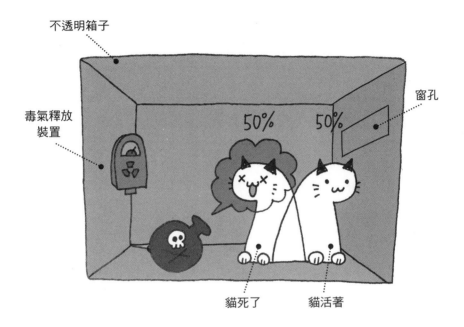

不透明箱子

窗孔

毒氣釋放
裝置

50%　　50%

貓死了　　貓活著

　　也就是說，「薛丁格的貓」思想實驗促使我們思考微觀與巨觀的界線在哪裡。

3

黎曼猜想

你聽過「黎曼猜想」嗎？

1859 年，德國數學家波恩哈德・黎曼（Georg Friedrich Bernhard Riemann）提出黎曼猜想，內容主要是討論「導出所有質數的公式」，目前仍是數學界懸而未決的問題之一。只要證明出黎曼猜想，就能得到美國克雷數學研究所（Clay Mathematics Institute）頒發的 100 萬美元獎金。黎曼猜想是該研究所懸賞的七大難題中公認最困難的。

黎曼猜想的提出主要與 3 個人有關，第一個是提出者黎曼，第二個是第 2 章介紹過的歐拉，第三個是數學家高斯（Carl Friedrich Gauss）。

黎曼

歐拉

高斯

許多數學家挑戰過黎曼猜想，但目前仍未解決。它不是普通的難題，現在讓我們一步步來嘗試解開謎團。

歐拉的質數公式與高斯的觀點

歐拉在 1772 年證明了 n ＝ 31 時，梅森數是質數（請見第 2 章，116 頁）。此外，他也發現了 **ζ 函數**（Zeta Function，詳見 212 頁）與質數之間關係的公式，稱為 **歐拉乘積**（Euler product）。

【歐拉乘積】

（左式）

$$1 + \frac{1}{2} + \frac{1}{3} + \frac{1}{4} + \frac{1}{5} + \frac{1}{6} + \cdots\cdots$$

（右式）

$$= \frac{1}{1 - \frac{1}{2}} \times \frac{1}{1 - \frac{1}{3}} \times \frac{1}{1 - \frac{1}{5}} \times \frac{1}{1 - \frac{1}{7}} \times \frac{1}{1 - \frac{1}{11}} \times \cdots\cdots$$

右式的分母 2、3、5、7、11……都是質數。這個等式的有趣之處在於，左式包括所有整數的連加，右式包括所有質數的乘積，而左右兩邊相等。

歐拉乘積能夠證明許多質數定理，可說是質數研究的一大成果。

之後，高斯又運用歐拉乘積得到新的成果。

研究質數之謎時，許多人將焦點放在「質數在哪裡出現」，高斯則是思考「**比某個整數小的質數有幾個**」，高斯的觀點促使質數研究突飛猛進。

高斯的思考方向和歐拉乘積的右式有關。首先，我們來思考某數 N 是質數的機率。

質數指除了 1 與本身之外，無法被小於本身的質數整除的數。所以求某數 N 是質數的機率，就是求某數 N 有多少機率「不是小於 N 的質數之倍數」。

例如求 5 是質數的機率，也就是求 5 有多少機率不是小於 5 的質數（即 2 和 3）的倍數。

某數 N 是整數（非小數與分數），整數可能是偶數或奇數。但偶數（2、4、6、8……）都是 2 的倍數，一定會被質數 2 整除，所以偶數除了 2 以外，都不是質數。

所以，我們第一步先求「某數 N 不是偶數的機率」。整數不是奇數就是偶數，若我們設所有整數的機率為 1，某數 N 是偶數的機率就是 $\frac{1}{2}$（0.5、50%）。

換句話說，「某數 N 不是偶數的機率」就是所有整數（1）－某數 N 是偶數的機率（$\frac{1}{2}$）＝ $1 - \frac{1}{2}$。

某數 N 不是偶數的機率

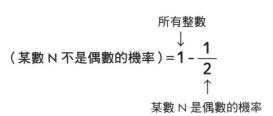

某數 N 不是 3 的倍數的機率

209

2 的下一個質數是 3，所以接下來，我們要求出「某數 N 不是 3 的倍數的機率」。3 的倍數（3、6、9、12⋯⋯）一定會被 3 除盡，因此，所有整數有 1/3 的機率是 3 的倍數，也就是說，某數 N 是 3 的倍數的機率為 $\frac{1}{3}$。

換句話說，「某數 N 不是 3 的倍數的機率」就是所有整數（1）－某數 N 是 3 的倍數的機率（$\frac{1}{3}$）＝ $1 - \frac{1}{3}$。

我們可依照同樣的邏輯，求出某數 N 不是 5 的倍數的機率為 $1 - \frac{1}{5}$。

接著我們可依序求出某數 N 不是各個質數倍數的機率。

綜上所述，我們可利用小於 N 的質數（p_N）求得「某數 N 是質數的機率」P（N），如以下所示：

【某數 N 是質數的機率】

$$P(N) = (1 - \frac{1}{2}) \times (1 - \frac{1}{3}) \times (1 - \frac{1}{5}) \times \cdots\cdots \times (1 - \frac{1}{p\_N})$$

上式中出現了歐拉乘積的右式，最後一項的分母是 p_N。第 2 章提過，歐幾里得證明了質數有無限多個（請見 114 頁）。所以，如果 N 是無限大（∞），上式就會變成以下的樣子（變化的過程詳見 217 頁）。

【某數 N 是質數的機率：N 為無限大】

$$P(N=\infty) = \frac{1}{(1 + \frac{1}{2} + \frac{1}{3} + \frac{1}{4} + \frac{1}{6} + \frac{1}{6} + \cdots)}$$

以上公式可得出無限大的整數為質數的機率 P（N），其分母「1 $+ \frac{1}{2} + \frac{1}{3} + \frac{1}{4} + \frac{1}{5} + \frac{1}{6} + \cdots$」稱為**調和級數**（詳見第 2 章 119 頁）。

高斯假設某個夠大的數為質數的機率，並提出質數定理猜想，以導出「比某數 N 小的質數有幾個」（高斯質數猜想的形成過程請見 217 頁）。

直到 1896 年，高斯提出質數定理猜想過了 100 多年後，法國數學家雅克・阿達馬（Jacques Salomon Hadamard）、比利時數學家瓦萊・布桑（Charles-Jean de La Vallée Poussin）才先後證明出此定理。

高斯的質數定理與黎曼猜想

黎曼對高斯的質數定理很感興趣，著手研究更能正確估計質數個數的公式，其中值得注意的是黎曼 ζ **函數**（ζ 函數後來以黎曼的名字命名）。

【ζ 函數】

$$\zeta(s) = 1 + \frac{1}{2^s} + \frac{1}{3^s} + \frac{1}{4^s} + \cdots\cdots$$

ζ 函數是變數 s = 1 時成為調和級數的函數。

【ζ 函數（s = 1）】

$$\zeta(1) = 1 + \frac{1}{2} + \frac{1}{3} + \frac{1}{4} + \cdots\cdots$$

變數是 1 以外的正整數時，和調和級數的情況相同，其總和可用所有質數的乘積來表示。

之前提到的歐拉已使用 ζ 函數來計算變數 s 為 2 的倍數時的情況：

【ζ 函數（s = 2、4、6）】

$$\zeta(2) = 1 + \frac{1}{2^2} + \frac{1}{3^2} + \frac{1}{4^2} + \cdots = 1 + \frac{1}{4} + \frac{1}{9} + \frac{1}{16} + \cdots\cdots = \frac{\pi^2}{6}$$

$$\zeta(4) = 1 + \frac{1}{2^4} + \frac{1}{3^4} + \frac{1}{4^4} + \cdots = 1 + \frac{1}{16} + \frac{1}{81} + \frac{1}{256} + \cdots\cdots = \frac{\pi^4}{90}$$

$$\zeta(6) = 1 + \frac{1}{2^6} + \frac{1}{3^6} + \frac{1}{4^6} + \cdots = 1 + \frac{1}{64} + \frac{1}{729} + \frac{1}{4096} + \cdots\cdots = \frac{\pi^6}{945}$$

數的分類

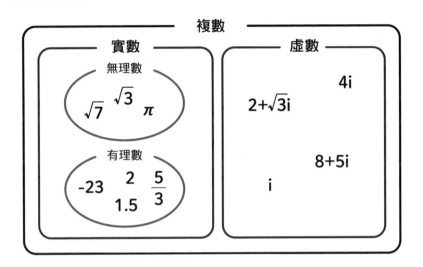

由以上可知，隨著變數 s 值愈來愈大，分母也會愈來愈大，ζ 函數值 ζ（s）也因此變得愈來愈小。

大家一般都知道變數 s 為偶數時的值。變數 s＞1 時，級數和為有限值，所以在一開始，一般認為只有變數 s 的實數部分大於 1，ζ 函數才有意義。

實數指有理數（1、$\frac{1}{2}$、-3 等）和無理數（π、$\sqrt{2}$ 等）的總稱。

不過，黎曼是用複數代入變數 s。複數（z）指實數加上虛數，如果實數是 x、y，則 z＝x＋iy。y 左邊的 i 是虛數單位（Imaginary unit），指平方後等於 -1（$i^2 = -1$）的奇怪數字。

$z = x + iy$ 時，x 稱為複數 z 的 **實部**，y 稱為複數 z 的 **虛部**；實數則指複數的虛部為 0 的數。

我們以二次元平面表示整個複數，橫軸表示實部，縱軸表示虛部，這樣的座標平面稱為複數平面或高斯平面。

在高斯平面的中心點，實部、虛部皆為 0。從這個點向右移動為正實數（＋），向左移動為負實數（－），向上移動為正虛數（＋），向下移動為負虛數（－）。

從高斯平面來看，歐拉等人一開始研究的 ζ 函數僅限於實軸上，且只在 $s > 1$ 的範圍取實數值，實數愈大（實軸愈往右側），函數值就愈小。

而黎曼定義的 ζ 函數不只在實軸上，而是從整個高斯平面來思考，包含虛數在內。

因此，黎曼 ζ 函數對應的是高斯平面上各點的複數值。如果忽略虛數，只考慮 ζ 函數的實數值，ζ 函數就會在高斯平面上形成某種高度的峰谷曲線。

形成峰谷曲線表示 ζ 函數會振盪。在實軸右側，ζ 函數的振盪幅度會愈來愈小，在實數部分等於 1 時停止振盪。若考慮的是整個複數，包括虛數在內，ζ 函數就會開始振盪，在高斯平面上出現無數個零點（使 ζ 函數等於 0 的點）。

黎曼發現，高斯質數定理給出的質數個數與實際質數個數之間的差異，可以用某個特定零點附近的 ζ 函數行為來表示。

將該特定零點寫成 $z = \frac{1}{2} + iy$ 的形式，亦即設想它位於一條通過高斯平面的實軸 $\frac{1}{2}$ 處、縱向延伸的直線上，就是黎曼猜想。

黎曼猜想也影響了物理學

優秀的數學家們至今仍持續挑戰黎曼猜想，目前已知的成果如下：$\frac{1}{2} + iy$ 的直線上有無限個零點；虛部 y 數值由小到大，有 10 兆個零點位於這條直線上；以及零點的實部一定在 0-1 之間。

我們已經知道這些發現足以證明高斯的質數定理，但黎曼猜想目前仍未被證明為真。

黎曼猜想的重要性不限於數學領域。雖然它原本是討論質數的問題，但有研究者指出，ζ 函數在高斯平面上零點的間隔和鈾等複雜原子核中可能的能階（Energy state）間隔十分相似。

　　物理學之外的領域（如超弦理論）也有描述原子核此種狀態的方法，顯示黎曼猜想和超弦理論可能有關。

　　超弦理論很可能是物理學的終極理論之一，或許透過黎曼猜想，超弦理論也和質數有關。

　　但就目前的狀況而言，即使黎曼猜想獲得證明，仍不表示我們能在一瞬間做到龐大位數的質因數分解。所以請放心，建立在高難度質因數分解之上的 IT 社會並不會因此而崩解。

　　不過，因為電腦技術的驚人發展，未來或許能夠瞬間完成質因數分解。但如果要討論這個主題，就得扯到現在各國競相發展的量子電腦，這樣就離題太遠了，先打住吧！

高斯質數定理的形成過程

從 207 頁開始，我們討論了歐拉乘積的證明與高斯的質數定理，因為公式很多，正文暫且略過詳細過程，想知道的讀者請看以下內容：

1. 歐拉乘積中「某數 N 為質數」的證明（N 為無限大）

210 頁提到，「某數 N 是質數的機率」公式中出現了歐拉乘積的右式，最後一項的分母是 p_N。因為質數有無限多個，若 N 為無限大（∞），則公式如下：

【某數 N 是質數的機率：N 為無限大】

$$P(N=\infty) = \frac{1}{\left(1 + \frac{1}{2} + \frac{1}{3} + \frac{1}{4} + \frac{1}{5} + \frac{1}{6} \cdots \right)}$$

我們來簡單看看這個等式是如何形成的。首先，設右式的分母為 X。

$$X = 1 + \frac{1}{2} + \frac{1}{3} + \frac{1}{4} + \frac{1}{5} + \frac{1}{6} + \frac{1}{7} + \frac{1}{8} + \frac{1}{9} + \cdots\cdots$$

將 X 除以 2，則形成下式：

$$\frac{X}{2} = \frac{1}{2} + \frac{1}{4} + \frac{1}{6} + \frac{1}{8} + \frac{1}{10} + \frac{1}{12} + \frac{1}{14} + \frac{1}{16} + \frac{1}{18} + \cdots$$

若用 X 減上式，分母為偶數（2 的倍數）的項目就會消失：

$$X - \frac{X}{2} = \overbrace{\left(1 + \frac{1}{2} + \frac{1}{3} + \frac{1}{4} + \frac{1}{5} + \cdots\right)}^{X} - \overbrace{\left(\frac{1}{2} + \frac{1}{4} + \frac{1}{6} + \frac{1}{8} + \cdots\right)}^{\frac{X}{2}}$$

$$= 1 + \frac{1}{3} + \frac{1}{5} + \frac{1}{7} + \frac{1}{9} + \cdots$$

設上式的左式為 Y，用 X 進行括號化簡。

$$Y = X - \frac{X}{2} = X\left(1 - \frac{1}{2}\right)$$

將 Y 除以 3，再用 Y 去減，右式中分母為 3 的倍數之項目就會消失，跟 X 的情況一樣。

$$Y - \frac{Y}{3} = \overbrace{\left(1 + \frac{1}{3} + \frac{1}{5} + \frac{1}{7} + \frac{1}{9} + \cdots\right)}^{Y} - \overbrace{\left(\frac{1}{3} + \frac{1}{9} + \frac{1}{15} + \frac{1}{21} + \frac{1}{27} \cdots\right)}^{\frac{Y}{3}}$$

$$= 1 + \frac{1}{5} + \frac{1}{7} + \frac{1}{11} + \cdots$$

以同樣的方式，設上式的左式為 Z，即得 $Z = Y - \frac{Y}{3} = Y\left(1 - \frac{1}{3}\right) = X\left(1 - \frac{1}{2}\right)\left(1 - \frac{1}{3}\right)$，再計算 $Z - \frac{Z}{5}$，分母為 5 的倍數的項目就會消失。一直算下去，就會得到歐拉乘積。

$$X\left(1 - \frac{1}{2}\right)\left(1 - \frac{1}{3}\right)\left(1 - \frac{1}{5}\right)\cdots = 1$$

2. 歐拉乘積發展成高斯質數定理

高斯假設歐拉乘積中某個夠大的數為質數的機率（如下式），並提出質數定理猜想，以導出「小於某數 N 的質數有幾個」。

【某數 N（夠大的數）為質數的機率（假定）】

$$P(N) \sim \cfrac{1}{\left(1 + \cfrac{1}{2} + \cfrac{1}{3} + \cfrac{1}{4} + \cdots + \cfrac{1}{N}\right)}$$

式子中的～記號表示約略相等

我們已經知道右式分母與對數函數 logN 幾乎相同（近似）。而 N 非常大時，右式分母等同於對數函數。這裡講的只是過程，只要知道是這麼一回事就可以了。

【某數 N（夠大的數）為質數的機率（假定）】

$$P(N) \sim \frac{1}{\log N}$$

由於我們要求的是「2-N（夠大的整數）之間的質數個數」，所以只要把每個小於 N 的整數（m）的機率「1/logm」加總就可以了。

加總的數可以用積分表示，但約略來說，比 N 小的質數個數 π（N）（這是高斯使用的符號）大致如下所示：

【小於某數 N 的質數個數】

$$\pi(N) = \int_2^N \frac{dm}{\log m} \sim \frac{N}{\log N}$$

這就是**高斯質數定理**。

─── 高斯質數定理的高精確度 ───

高斯質數定理雖只是猜想，但我們已經知道，N 愈大，愈能準確算出質數個數。

例如當 N = 100 萬（10^6），π（10^6）= 78,498，若以 N/logN 來估計，則變成 72,382，誤差大約是 8%。

不過，若 N 為 100 億（10^{10}），π（10^{10}）= 455,052,511，N/logN 則是 434,294,482，誤差減少到 5% 左右。

【高斯質數定理 N = 10^6、10^{10}】

$N = 10^6$)

$$\pi(10^6) = \int_2^{10^6} \frac{dm}{\log m} = 78,498$$

$$\frac{10^6}{\log 10^6} = 72,382$$

$$1 - (\frac{72382}{78498}) = 1 - 0.92208\cdots\cdots$$
$$= 0.07792\cdots\cdots$$
$$\fallingdotseq 8\%$$

$$N=10^{10})$$

$$\pi(10^{10})=\int_2^{10^{10}}\frac{dm}{\log m}=455{,}052{,}511$$

$$\frac{10^{10}}{\log 10^{10}}=434{,}294{,}482$$

$$1-\left(\frac{434294482}{455052511}\right)=1-0.95438\cdots$$
$$=0.04562\cdots$$
$$\doteqdot 5\%$$

若以精確的積分式來估計，N = 100 萬（10^6）時，與正確個數 78,498 只差 130，誤差在 0.08％以下。

N = 100 億（10^{10}）時，與正確個數差了 3,104，誤差為 0.0007％，精確度之高令人驚嘆。

4-1
超弦理論起於
對「萬物根源」的探索

　　最後要談的是**超弦理論**。超弦理論被稱為物理學的終極理論，也是愛因斯坦未竟的夢想。

　　物理學的終極理論指能說明所有自然現象的理論，包括蘋果掉落地面、電的力量、星體運動等，也是對「萬物根源」這個千古疑問的探索。

　　要談論超弦理論，首先要了解原子、基本粒子和作用於其上的力。

「萬物根源」論戰與原子存在的確定

　　對「萬物根源是什麼」，人們有各式各樣的意見。

　　泰勒斯認為萬物的根源是水，赫拉克利特認為是火，畢達哥拉斯則認為是抽象的數字。其中，德謨克利特主張「原子論」（萬物根源是原子），但因為多數科學家持反對意見，原子的存在並未立即被普遍接受。

　　許多人認為原子論不過是方便解釋化學反應的觀點，因為原子太小，沒有方法能證明它的存在。

1905 年，愛因斯坦推導出「微粒移動的平均距離」，使原子的存在獲得了普遍認同。

愛因斯坦用**布朗運動**的觀點，從理論上研究微粒運動的狀態。

布朗運動指懸浮於水中的微粒呈現不規則、零碎、鋸齒狀的運動。如果原子存在，那麼，水由龐大的水分子（H_2O）組成、水中的水分子（H_2O）對微粒不斷碰撞，就可能是布朗運動產生的原因。

以這樣的觀點在室溫下實際進行估計，便可知道各個水分子以秒速數百公尺，每秒大約與微粒碰撞 1,000 萬次。

布朗運動

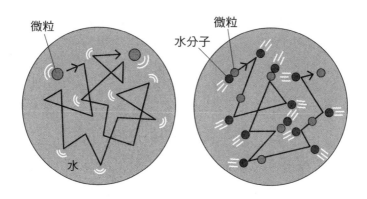

愛因斯坦考慮的不是各個微粒瞬間的運動。實際觀測時，他測量多個微粒幾十秒間的運動，以比水分子碰撞更長的充裕時間為基準，研究微粒的平均運動狀況。最後，他導出微粒移動的平均距離。

後來，法國物理學家讓‧巴蒂斯特‧佩蘭（Jean Baptiste Perrin）證實了愛因斯坦這項研究結果，水分子（H_2O）等分子與原子的存在從此無可置疑。

微觀粒子的種類與作用力

之後，科學家的研究主題逐漸進展到更微觀的世界，如第 2 章介紹的原子結構的闡明、原子核的發現、原子能夠分割到何種程度等。

一般來說，微觀世界的粒子（原子、分子及更小物質的總稱）除了質量與電荷之外，還有一個重要性質，稱為「**自旋**」（Spin）。這是量子力學的特性，相當於巨觀粒子（一般指比原子大的物質）的自轉。

巨觀粒子能以任何速度自轉，微觀粒子則否。

自旋是微觀粒子固有的性質，但它只能取整數或半整數（$\frac{1}{2}$、$\frac{3}{2}$ 之類）的值。自旋可分為半整數粒子與整數粒子。半整數

自旋的粒子稱為**費米子**（Fermion），整數自旋的粒子稱為**玻色子**（Boson），兩者間有一個重要差異。

費米子是構成物質的基本粒子，如電子、核子等。兩個同種費米子不能同時處於相同狀態。

這是量子力學的基本性質之一，稱為「**包立不相容原理**」（Pauli Exclusion Principle）。這個原理是由德國物理學家沃夫岡・恩斯特・包立（Wolfgang Ernst Pauli）發現，並以他的名字命名。物質不會塌縮的根本原因，就是因為它是由費米子構成。

玻色子則是產生力的基本粒子，光子（光的粒子）即屬此類。同樣的玻色子無論多少個，都可以同時處於相同狀態，所以玻色子能容納無數個粒子。

這兩種微觀粒子間有力的作用，包括「**電磁力**」、「**核力**」、「**弱力**」、「**重力**」。這 4 種力的傳遞機制都相同，我們以作用於帶電粒子之間的電磁力為例來說明。

電子和質子等帶電粒子會不斷發射和吸收光子（玻色子的一種）。光子會糾纏其他粒子，無法離開。但附近若有帶電粒子靠近，一個粒子所發射的光子就會一再被另一個粒子吸收，以致兩個粒子間產生力的作用。

因此，力是透過費米子之間交換玻色子而產生作用。力的種類由交換的玻色子種類所決定，交換的玻色子則是由費米子的性質所決定。

包立不相容原理

費米子

玻色子

技術的發展與粒子的分類

1900 年代前半，人們已經知道原子並非物質的最小單位，以及原子核是由中子與質子構成，但仍不清楚質子、中子等能否進一步分割。

1950 年代起，物理學家透過粒子加速器實驗發現更多粒子，粒子分類的研究開始盛行。

但當時發現的粒子實在太多，研究者難以分類。

1964 年，美國物理學家默里·蓋爾曼（Murray Gell-Mann）與以色列物理學家尤瓦勒·內艾曼（Yuval Ne'eman）的團隊，以及美國物理學家（之後成為神經生物學家）喬治·茨威格（George Zweig），分別提出夸克模型（Quark Model）。

夸克的尺寸約為 1,000 億分之一公釐，比質子的 2,000 分之一還小，是物質最小單位（基本粒子）的一種。

至當時為止，已發現的粒子可分為重子（Baryon）、介子（Meson）、強子（Hadron）、輕子（Lepton）4 種，而夸克模型的出現顯示「強子由夸克這種基本粒子組成，可進一步分割」。

用夸克將粒子分類，稱為**夸克模型**。

【夸克模型建立之前的粒子分類】

● <u>重子</u>……核子（質子與中子）等粒子

● <u>介子</u>……介子（一個夸克和一個反夸克組成的粒子）等粒子

● <u>強子</u>……包括重子與介子

● <u>輕子</u>……電子等粒子

發現夸克後，研究者得以將數量繁多的粒子分類，對「萬物根源」的研究也能更進一步。

4-2
現代物理學家對「萬物根源」的看法與超弦理論

夸克模型提出後，隨著技術的發展，又陸續發現了新粒子。

我先介紹一下當今物理學家對「萬物根源」的看法。

物質的根源是兩種基本粒子

構成物質的基本粒子中，費米子被認為是萬物的根源。費米子包括**夸克**和**輕子**，可分為 3 個世代（Generation，基本粒子的類別稱為世代）。

第一世代共有 4 種費米子，包括**上夸克**（Up quark）、**下夸克**（Down quark）兩種夸克，以及**電子**、**電微中子**（Electron neutrino）兩種輕子。

現在宇宙中的物質幾乎都是由第一世代的費米子構成，質子由 2 個上夸克和 1 個下夸克構成，中子由 1 個上夸克和 2 個下夸克構成。

第二世代有 4 種費米子，包括魅夸克（Charm quark）、奇夸克（Strange quark）兩種夸克，以及渺子（Muon）、渺子微中子（Muon neutrino）兩種輕子。

第三世代也有 4 種費米子，包括頂夸克（Top quark）、底夸克（Bottom quark）兩種夸克，以及陶子（Tauon）、濤微中子（Tauon neutrino）兩種輕子。

第二世代輕子中的渺子、第三世代輕子中的陶子雖然性質與第一世代輕子中的電子類似，但前兩者是比電子更重的基本粒子。

但為何第二、第三世代與第一世代的模式相同呢？目前仍不清楚。

玻色子則是產生力的基本粒子，它產生了 3 種力：電磁力、弱力及強力（第 2 章 94 頁說明過，現在暫且忽略重力）。

第 2 章提到「質子與電子間的作用力為核力」，但後來發現比質子、電子還小的基本粒子是由夸克組成，所以，更基本的力是夸克之間的作用力——**強力**，而非質子與電子間的作用力。

「電磁力」由**光子**傳遞，「強力」則由名為**膠子**（Gluon）的玻色子傳遞。

費米子的 6 種夸克各有 3 種類型的色荷（Color charge，指夸克的性質）。膠子在夸克間交換色荷，使夸克之間產生強大的吸引力，進而產生強子。

基本粒子的種類

費米子

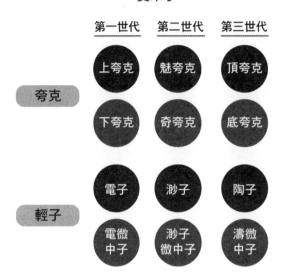

第一世代　第二世代　第三世代

夸克

上夸克　魅夸克　頂夸克

下夸克　奇夸克　底夸克

輕子

電子　渺子　陶子

電微中子　渺子微中子　濤微中子

玻色子

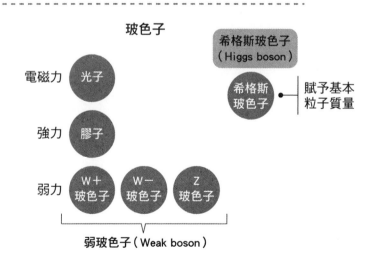

希格斯玻色子
（Higgs boson）

電磁力　光子

強力　膠子

弱力　W＋玻色子　W－玻色子　Z玻色子

希格斯玻色子 — 賦予基本粒子質量

弱玻色子（Weak boson）

「弱力」是改變夸克種類的力，由 3 種**弱玻色子**來傳遞。

　　舉例來說，質子由 2 個上夸克和 1 個下夸克構成，中子由 1 個上夸克和 2 個下夸克構成。

　　中子到了原子核外會很快衰變。中子衰變時，1 個下夸克會釋放出弱玻色子，然後轉變為上夸克。釋放出的弱玻色子則會轉變成電子和反電子微中子

　　中子在衰變的情況下，會變成 2 個上夸克、1 個下夸克、電子和反電子微中子 ，也就是變成質子、電子和反電子微中子。

存在於希格斯海的生命

　　除了產生力，玻色子還有一個功能，就是**希格斯玻色子**會賦予基本粒子質量。或許你以為真空就是空無一物，但其實並非如此。

　　量子力學的真空是指能量最低的狀態，即希格斯玻色子充滿空間的狀態。可以說，我們都存在於希格斯海中。

中子衰變引起的基本粒子轉變

· 質子＝2個上夸克＋1個下夸克

· 中子＝1個上夸克＋2個下夸克

—— 中子到了原子核外經過一定的時間就會衰變 ——

· 衰變的結果
　中子的1個下夸克→上夸克＋電子＋反電子微中子

也就是說，中子的衰變＝
2個上夸克＋1個下夸克＋電子＋反電子微中子

＝質子＋電子＋反電子微中子

某些在希格斯海中運動的基本粒子具有質量。可以說，有質量就會受到阻力，所以，原本以光速（c）運動的基本粒子，在希格斯海中的速度會變慢。

只有光子不會受到阻力，所以它依然可以用光速運動，並保持質量為 0。

1964 年就有研究者推論希格斯粒子的存在，但實際上，它直到2012 年才被發現。該發現確定了我們身處希格斯海。

希格斯粒子的存在也讓我們知道「電磁力」與「弱力」間有密切的關係。只要想想沒有希格斯海會是什麼情況，應該就可以理解。

如果沒有希格斯海，傳遞弱力的 3 種玻色子（除了弱玻色子）就沒有質量，跟光子一樣質量為 0。

一般認為在希格斯海形成以前，質量為 0 的玻色子有 4 種（弱玻色子與光子），傳遞的是「電弱力」（Electroweak Force）。

希格斯海形成以後，4 種玻色子中，有 3 種（正確來說，應該是經過某種耦合而形成的 3 種）帶有質量，成為傳遞弱力的弱玻色子。剩下的 1 種玻色子仍維持 0 質量，成為傳遞電磁力的光子。

也就是說，思考希格斯海的存在與否，讓我們對力有更多的理解──有了希格斯海，原本的 3 種力便增為 4 種力。

　　希格斯海的形成，是在大霹靂創造宇宙之後的 1,000 億分之一秒、溫度為 1,000 兆度的時候，當時仍是宇宙誕生的極初期。

從基本粒子標準模型到超弦理論

　　以上所談論的，就是現在所謂的基本粒子「標準模型」（Standard Model）。是不是覺得很複雜呢？

　　為什麼有 3 個世代？

　　我們需要 12 種費米子與 6 種玻色子，總共 18 種基本粒子，但基本粒子為什麼這麼多呢？

思考希格斯海是否存在

希格斯海不存在

3種玻色子　　　　　　　　＋　　　光子　　　→ 傳遞電弱力
（質量0）　　　　　　　　　　　（質量0）

W+
玻色子　　W+
玻色子　　Z
玻色子　　　　光子

希格斯海存在

3種弱玻色子　　　　　　　＋　　　光子　　　→ 傳遞弱力與電磁力
（有質量）　　　　　　　　　　　（質量0）

W+
玻色子　　W+
玻色子　　Z
玻色子　　　　光子

還有，這些基本粒子真的不能再分割嗎？

包括重力在內，粒子間存在 4 種作用力。其中，希格斯玻色子統一了「電磁力」和「弱力」，但目前仍不清楚它們與其他兩種力的關係。

此外，標準模型也完全沒考慮重力。

量子力學的世界仍有許多尚待解決的問題。

4-2 小節討論的內容，就是現代基本粒子物理學的基本架構，稱為**標準理論**（Standard Theory）。

標準理論中出現了 18 種基本粒子，並主張其中任何一種都無法再分割。由此看來，似乎可說「萬物根源是基本粒子」。不過，現代物理學家大都不贊同，因為標準理論非常複雜，還有許多未解決的問題。

被認為是基本粒子的粒子，真的不能再分割嗎？

所有的力都產生自同一種力（萬物根源）嗎？

認為「標準理論並非最後答案」的研究者至今仍研究不輟。在探索最後答案的過程中，出現了「弦理論」（String Theory），或稱「超弦理論」。

超弦理論主張，目前被認為是基本粒子的粒子都是由一根「弦」構成的。

夸克的尺寸小於 1,000 億分之一（10^{-11}）公釐，所以弦的長度更短，有一說是 10^{-32} 公釐。

為何一根「弦」能表現各種粒子？

請想像一下，有一根兩端固定、繃緊的弦。當你撥動它，它就會上下左右振盪。振動的節點（Node，弦不會朝上下左右改變方向的點）愈多，振動愈激烈。

振幅愈大、振動節點愈多，振動能量就愈強。能量與質量等價，所以能量愈強表示質量愈大。

由於超弦理論中的弦太小，用任何儀器都看不到，所以我們要觀測的是相當於劇烈振盪的弦的大質量粒子。

前面提過，基本粒子包括費米子和玻色子兩種。但超弦理論的弦有一種特殊的結構，它看起來會像費米子還是玻色子，是由振動方式決定。

將費米子與玻色子視為對等的理論稱為**超對稱理論**（Supersymmetry Theory）。弦理論引進超對稱概念，將具有特殊結構的弦稱為「超弦」，於是弦理論便被稱為「超弦理論」。

　　超弦理論最驚人的就是它描述了表現出重力子（Graviton）性質的振動模式。重力子負責傳遞基本粒子4種作用力之一的「重力」，但目前仍未發現重力子的存在，這也可說是待解決的問題之一。

　　不只所有費米子，超弦理論還能用一根超弦的振動來表現傳遞所有力的玻色子。因此，「萬物根源是超弦」可望成為最終解答。

弦與振動的能量

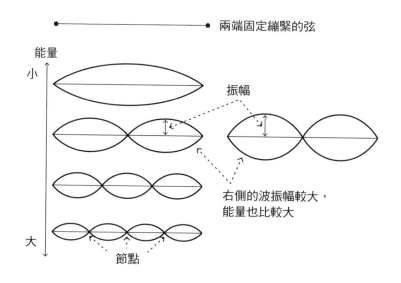

兩端固定繃緊的弦

能量

小

振幅

右側的波振幅較大，能量也比較大

大

節點

時空的眞正維度是什麼？

不過，超弦理論不只描述宇宙。我們生活在一維時間加三維空間的四維時空中，但超弦無法存在於四維時空。為了讓超弦理論在數學上沒有矛盾，超弦需要一維時間加九維空間的十維時空。

如果超弦理論是正確的，從這九維空間減去我們所在的三維空間，還剩下六維空間。這些多出來的空間在哪裡呢？

對這個問題，物理學界大致有兩種看法。

第一種看法主張，**多餘的空間已縮小到無法觀測的程度**。

你可以想像一下，有一條細長的通心粉。若從遠方看，它就像一條線；若靠近看，它就像中間開孔的圓柱體。

同樣的道理，如果六維空間夠小，就可以看成三維空間。從目前的研究可知，其餘六維空間的幾何學與出現在巨觀三維空間的力有關。

此外，在微觀尺度下，重力的法則會改變（重力依循平方反比定律〔Inverse Square Law〕，詳見 243 頁專欄）。所以在微觀尺度，我們會看到額外空間的擴大，重力也會朝額外空間的方向擴展。

我們可以把九維空間視為球面，就像我們生活的地球。

n 維的球，其體積與半徑的 n 次方成正比，表面積則少一維，與半徑的 n － 1 次方成正比。所以在九維空間，球面的表面積與半徑的 8 次方成正比。由此可知，在微觀尺度，重力會依循「八次方反比定律」。

半徑若減半，重力強度就會是 2^8 倍，即 256 倍。

重力愈強，黑洞愈容易形成。研究顯示，這種小型黑洞溫度極高，瞬間就會蒸發。極小的額外空間如果真的存在，微觀世界可能會充滿黑洞。

第二種看法主張，**額外空間和我們生活的三維空間差不多大，甚至擴展得更大**。

廣大的額外空間如果持續擴展延伸，我們應該會察覺到，但為什麼我們毫無感覺呢？

因為我們無法辨識額外空間。

我們的世界有四種力在運作，如果除了重力以外，其他 3 種（電磁力、弱力、強力）都被封閉在三維空間，我們就無法感知到額外空間。

只有重力能逸出到額外空間，但因為它非常微弱，所以我們沒注意到。

實際上，如果我們仔細研究超弦理論，就會知道除了一維弦，還有一種具有延展性的弦，稱為膜（Brane）。弦的端點黏附在膜上，對身處三維空間的我們來說，膜看起來就像是基本粒子。

弦的端點無法離開膜，或許我們生活的三維空間是浮在六維空間中。

六維空間

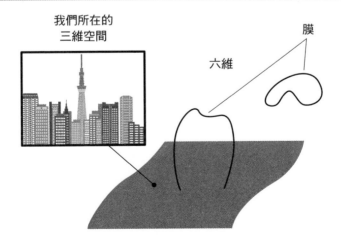

241

超弦理論統一所有的力，並將物質與時空都視為弦的振動，很有可能成為物理學的終極理論。不過，它也是未完成的理論。

科學家將超弦理論應用於黑洞研究，得到了有趣的結果。超弦理論的數學結構與黎曼猜想有關，這點也備受矚目。

目前沒有任何實驗證據能證明超弦理論，也不確定它是否真的能解釋世界萬物，但今後的發展頗值得期待。

重力依循平方反比定律

240 頁提到「重力依循平方反比定律」,意思就是與重力源的距離愈遠,重力愈小。

不只重力,亮度和聲音也有同樣的現象。

例如,我們可以從 A、B 兩個不同距離的地點觀察燈泡,比較其亮度。A 地點距燈泡 1 公尺,B 地點距燈泡 3 公尺。我們會發現,在 B 地點看時,燈泡顯得比較暗。

B 地點與燈泡的距離是 A 地點的 3 倍,所以在 B 地點看到的亮度是距離的二次方分之一(這個例子中是 3 的二次方分之一,即 $\frac{1}{9}$)。

也就是説,依據平方反比定律,離燈泡、音源、重力源愈遠,其亮度、重力會減少為距離的二次方分之一。

不過,這個定律能夠成立,是因為空間是三維的。

因為在三維空間，以某一點為中心的球體，其表面積（立體形體表面的面積，以 S 表示）與半徑（r）的平方成正比（球的表面積公式為 $S = 4\pi r^2$），重力強度會遍及整個球面。

在重力法則、磁力等各種物理定律中都看得到平方反比定律，有興趣的讀者一定要去探索看看。

A 地點與 B 地點亮度的差異

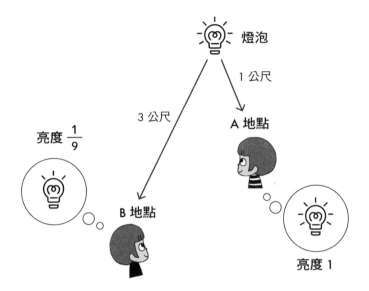

結語

　　我的專業是宇宙物理學，尤其是宇宙論與廣義相對論，就是一般人認為的無用學問代表。

　　如同本書所說，科學有各種領域。當然，並不是所有科學領域最尖端的研究我都了解。我寫這本書的目的，也不只是為了讓大家知道科學為日常生活帶來多少好處。

　　我希望能讓更多人對科學多少產生一點興趣，並思考「科學是什麼」。

　　我想起了一件事。

　　幾年前，東北大學召開天文學會，舉辦了以一般大眾為對象的演講。當時包括我在內，有 3 位天文學家就各自的專業領域發表演講。

　　演講後，有聽眾問我：「我進東北大學藥學系是希望能對他人有幫助。請問教授們的學問有什麼用處呢？」這的確是很多人的疑惑，不時會有人問我。於是，我告訴他一段我在印尼萬隆理工學院（Bandung Institute of Technology）開設宇宙論密集課程時的經歷。

　　「印尼是一個島國，有許多遠方島嶼的學生自費前來參加我

246

開的天文學課程。由於人數比預期的多，校方趕緊換了大教室。在 10 年前，雖然有學生對天文學感興趣，但很少有人實際去學習……，因為他們需要學更能賺錢的東西。印尼的研究者甚至說：『學習天文學的學生增加，代表國家變富有了。』」

本書也提過，科學知識中，有許多乍看之下沒什麼用處，實際上卻很有用。印尼那些參加課程的學生，一開始應該也沒有考慮「有沒有用」的問題，只是單純想了解天文學而已。

天文學只是一個例子。單純想了解不可思議的事物，是人類自然的知性需求。可以說，社會有餘裕，才會有能滿足人類各種自然知性需求（不只科學）的環境。藉由了解科學，能讓我們學到很多東西，例如對事物的思考方式、解決問題的方法等。即使學不到這些，光感受科學的趣味與奇妙之處，也是一種幸福。

二間瀨敏史

【讓世界更有趣】
戴上科學的眼鏡看世界
世界が面白くなる！身の回りの科学

作　　　者	二間瀬敏史	
譯　　　者	林雯	
封 面 設 計	許紘維	
內 頁 排 版	簡至成	
行 銷 企 畫	蕭浩仰、江紫涓	
行 銷 統 籌	駱漢琦	
業 務 發 行	邱紹溢	
營 運 顧 問	郭其彬	
責 任 編 輯	林慈敏	
總 編 輯	李亞南	
出　　　版	漫遊者文化事業股份有限公司	
地　　　址	台北市103大同區重慶北路二段88號2樓之6	
電　　　話	(02) 27152022 Technology Ltd., Taipei.	
傳　　　真	(02) 2715-2021	
服 務 信 箱	service@azothbooks.com	
網 路 書 店	www.azothbooks.com	
臉　　　書	www.facebook.com/azothbooks.read	

發　　　行	大雁出版基地
地　　　址	新北市231新店區北新路三段207-3號5樓
電　　　話	(02)8913-1005
訂 單 傳 真	(02)8913-1056
初 版 一 刷	2024年11月
定　　　價	台幣380元

ISBN　978-626-409-019-3
有著作權・侵害必究
本書如有缺頁、破損、裝訂錯誤，請寄回本公司更換。

SEKAI GA OMOSHIROKUNARU! MINOMAWARI NO KAGAKU by Toshifumi Futamase
Copyright © 2021 Toshifumi Futamase
Illustrations copyright © 2021 Kujira
All rights reserved.
First published in Japan by ASA Publishing Co., Ltd., Tokyo
Traditional Chinese translation copyright © 2024 by Azoth Books Co., Ltd.
This Traditional Chinese edition is published by arrangement with ASA Publishing Co., Ltd., Tokyo in care of Tuttle Mori Agency, Inc., Tokyo, through Future View Technology Ltd., Taipei.

國家圖書館出版品預行編目 (CIP) 資料

(讓世界更有趣) 戴上科學的眼鏡看世界 : 從相對論到GPS, 從人腦構造到AI, 一看就懂的科學入門/ 二間瀬敏史著; 林雯譯. -- 初版. -- 臺北市: 漫遊者文化事業股份有限公司出版; 新北市: 大雁出版基地發行, 2024.11
248 面 ; 14.8×21 公分
譯自 : 世界が面白くなる! 身の回りの科学
ISBN 978-626-409-019-3(平裝)
1.CST: 科學
307　　　　　　　　　　　113015654